U0128924

3D游戏狂想世界

3ds Max&Photoshop

「角色纹理绘制
应用技法全攻略」

韩涌技术团队 策划 ｜ 石 涵 编著

兵器工业出版社
北京科海电子出版社
www.khp.com.cn

内 容 简 介

　　《3D游戏狂想世界》丛书全面介绍了游戏模型的创建、纹理的绘制和角色动画设置这个完整流程的应用技法，该丛书包括《3ds Max低精度多边形建模应用技法全攻略》、《3ds Max & Photoshop角色纹理绘制应用技法全攻略》和《3ds Max骨骼和角色动画应用技法全攻略》三册。

　　《3ds Max & Photoshop角色纹理绘制应用技法全攻略》中的实例，由游戏公司的一线纹理师从游戏纹理岗位的技能角度，详细介绍了在为游戏模型绘制纹理的过程中，所必备的UV展开知识以及Photoshop实用的操作，并提供了大量的图例，实用价值极高，为读者深入剖析角色纹理的绘制原理，适应工作岗位中的真实需求，帮助读者快速达到入职标准。

　　书中详细介绍了为角色的面部、身体、口腔以及武器装配绘制纹理的方法与相关技巧，所有范例都配有全程语音讲解的高清多媒体视频教程，时间长达近28小时。读者可以全程观看纹理师的绘制流程及绘制的手法，为已经创建的模型添加更为丰富的细节。

　　本套丛书可以帮助需要学习3ds Max游戏制作的读者，完全掌握三维游戏制作的流程与技术；可以指导有游戏制作基础的读者，进一步提高自己的专业化技能；为准备进入游戏制作行业的读者，提供详细真实的入职指导；为培训机构、大中院校任职教师，提供大量的例题，使其轻松教学！

图书在版编目（CIP）数据

　　3D游戏狂想世界：3ds Max & photoshop 角色纹理绘制应用技法全攻略/石涵编著.—北京：兵器工业出版社；北京科海电子出版社，2009.2

　　ISBN 978-7-80248-316-3

　　Ⅰ. 3… Ⅱ. 石… Ⅲ. ①三维—动画—图形软件，3ds Max ②图形软件，Photoshop CS3 Ⅳ. TP391.41

　　中国版本图书馆CIP数据核字（2009）第009777号

出版发行：兵器工业出版社 北京科海电子出版社

邮编社址：100089 北京市海淀区车道沟10号

　　　　　100085 北京市海淀区上地七街国际创业园2号楼14层

　　　　　www.khp.com.cn

电　　话：（010）82896442 62630320

经　　销：各地新华书店

印　　刷：北京市雅彩印刷有限责任公司

版　　次：2009年2月第1版第1次印刷

封面设计：林 陶 刘 刚

责任编辑：常小虹 高 莹

责任校对：杨慧芳

印　　数：1－4000

开　　本：787×980 1/16

印　　张：11.75

字　　数：286千字

定　　价：88.00元（含5DVD价格）

逆市增长的游戏产业

▶ 根据中国游戏软件协会2008年度在中国游戏行业年会上发布的报告显示，2008年全国游戏行业总产值将突破200亿元人民币，呈现高速成长势头。

现在，动漫游戏行业自主研发的企业越来越多，自主研发力量越来越强。国产动漫游戏市场份额越来越大，已占整个市场的70%以上。游戏产业成为一个充满发展活力的行业，已经成为与电影、电视、音乐并驾齐驱的重要娱乐产业之一。

2008年9月，一场席卷全球的金融危机全面爆发，从而令世界经济的整体增长速度明显放慢。但是在就业困难、下岗增多的这场金融海啸中，游戏行业却表现出了极强的生命力，出现了逆市增长的势头。

中国是目前世界上最大的消费市场之一，加之近年来国家对游戏相关产业的大力支持，使得中国的游戏产业以前所未有的速度快速发展起来。而这场全球性的金融危机，使得很多人的娱乐方式发生变化，更多人乐意选择各种类型的游戏在家里度过他们的闲暇时光，这无形中又为游戏产业带来了猛而惊人的发展速度。

3D游戏岗位入职必备

▶ 近年来越来越多的外资公司也逐渐把开发的重心转移到了中国。一大批颇具实力和规模的外资游戏公司由于次世代主机更新换代的成本压力，纷纷选择了中国作为他们的"生产基地"。游戏行业中的平均薪资已经远远超越毕业生的平均收入水准，这已不是什么新闻，而各企业用来激励行业甚至行业以外的优秀人才而不断上调的薪资，使得这一行业在近几年来一直成为灼手可热的就业选择。而要进入这一行业，到底应该掌握哪些基本的知识呢？

首先，游戏行业可以说是一个庞大的舰队，包括了多个工种，其中最为大众所熟知，也是最热门的有：游戏美术、策划及编程。因为游戏业并不像听起来那样，是一个"玩"的行业，尤其是次世代主机游戏的开发，对游戏美术、策划及编程人员有着具体、严格的职业素养要求。虽然开出了高薪，但如果不经过与实战相关的再培训过程，是很难从院校或其他行业转来直接从事游戏产业工作的。

而游戏美术将是这套书中所要讲述的重点。3ds Max作为动画制作的典型工具，已经被广泛应用到娱乐游戏、影视动画、广告等多个领域中，例如盛大公司在"传奇"这款游戏的场景与角色制作就是在3ds Max这个软件中完成。3ds Max也已经成为全球游戏开发商最流行的三维制作软件。

▶ 本书的内容特色

● 岗位技能，专业指导：本书由游戏公司一线纹理师操刀主创，具备丰富的专业知识与6年多游戏美术的实战经验，全面讲解了使用3ds Max与Photoshop来为模型绘制纹理的方法，提供了为低精度角色模型与武器装配绘制高细节纹理贴图的方法，与实际工作要求联系紧密，对于想要进入游戏行业从事纹理贴图绘制工作的人员具有针对性的超强指导。

● 纹理绘制，专项讲解：本书针对3D游戏，详细讲解了模型纹理的绘制方法，书中的全部实例都以纹理贴图的制作为目的，包括Photoshop中必备的绘制方法，以及在3ds Max中如何交互检查纹理效果的方法。对于模型来讲，纹理可以为其添加丰富的细节效果，特别是对游戏中的简模而言，高细节的纹理贴图的作用更为重要。

● 视频教程，专业详解：全书提供了29个实例，并配备了全程语音解说的高清多媒体视频教程，总共39个片段，长度达27.5小时。展现真实的工作方法与流程，可以让读者与高级纹理师进行零距离接触，更直观地了解一线工作人员绘制纹理的手法及必备技巧。

● 专业技术，拓展思路：本书在展现实例的制作方法与流程的同时，还特别精选了与这些流程相关的术语和实用技巧进行讲解。全书共提供了9个关键术语、25个实用技巧与18个典型操作，帮助学习者更方便、更全面地了解相关的技术信息，拓展学习思路。

真诚致谢

▶ 感谢大家对"韩涌技术团队"的支持和帮助，并无私地与我们分享宝贵的经验和成果；感谢www.game798.com网站的Love熊、张斌、许羿的支持与帮助，为本书提供优秀的作品展示；感谢众多辛勤工作在编辑、出版、印刷、发行方面的幕后英雄们；更要感谢广大热心的读者，因为正是你们的存在，才使得本书的出版变得有意义！我们将更加努力地把握最新动态，提升专业水平，策划和编写出更多适合读者需求和工作实践的好书，让"分享动画、传播快乐"不仅仅是一句口号！

在本书的编写和视频教程的制作过程中，难免会有所疏漏，希望读者朋友对不足之处给予批评指正，并将您的意见反馈给我们，以帮助我们不断完善和提高。在学习过程中，如有任何疑问与建议，可以访问www.magicfox.cc与www.game798.com网站，在论坛上与我们互动交流，或发邮件到teacher@magicfox.cc。

编者

2009年1月

如何更好的使用

本书提供的教学资源进行学习……

- 专业技能指导，提供实用的游戏纹理绘制方案
- 专项知识讲解，根据游戏贴图专业真实需求讲解知识点
- 全程视频教程，27.5小时高清晰视频教程全程详解
- 重视动手实践，抓住核心为游戏美工领域培养专业人才

1 阅读图书

您将掌握…

- 核心概念和术语
- 软件操作快速上手
- 界面命令参数详解
- 重要操作分步图解
- 视频教程课程索引

2 观看视频

以练带学…

实例全部以"多媒体视频教程"的形式放置在DVD光盘中，读者可以边看边学，自行安排学习进度，对重点内容还可以反复观看加深印象，巩固学习成果。

3 访问网站

增值服务…

精心编辑了与本书教程内容相关的"艺用常识大百科"，用来丰富读者的知识层次，提升相关专业技能。对注册读者提供免费网页浏览和资料下载服务，更有大量可在线观看的免费技术视频教程。

本书售后服务网站
http://www.magicfox.cc

4 登录论坛

提交问题
互动交流

温馨提示 在阅读本书的过程中，您会经常看到下面的图标，它们都有着不同的含义哟！

实用技巧
提供实现命令操作的巧妙方法

典型操作
提供了典型操作的实现方法

关键术语
提供了相关术语的注解

多媒体视频教程DVD

和素材光盘的使用说明……

将光盘内容复制到硬盘上播放视频会更加流畅

为了让学习者更加直观地掌握软件应用知识和实际操作技能，本书还专门录制了27.5小时多媒体视频教程。真正做到让学习者"读得越来越少，看得越来越多，学得越来越好！"

1 放入光盘，自动运行

2 播放视频教程

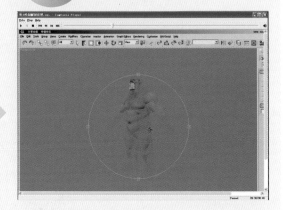

播放说明

1. 在光驱中放入光盘，稍后会自动出现多媒体光盘导航主界面。如果光盘没有自动运行，则需要在资源管理器中进入光盘根目录，双击AutoRun.exe文件，手动启动该界面。

2. 本多媒体视频教程自带播放器CamPlay和视频解码程序，强烈建议读者使用自带播放器来观看视频，以获得更好的视频效果。

提供完整范例文件

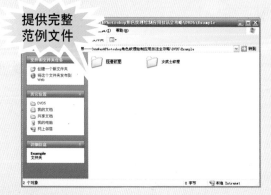

范例练习贴图素材

配套光盘视频教学DVD包含3ds Max角色纹理绘制的全部技巧
所有演练的实例完全按照真实的岗位需求设计知识点
操作流程科学合理，可以提高角色动画设置的效率

绘制面部纹理 1

1 绘制面部纹理

相关章节：第1章

项目文件：Start.jpg

相关视频：1绘制面部纹理.avi

时间长度：0:49:08　盘号：DVD1

2 添加面部纹理细节

相关章节：第1章

项目文件：St.psd

相关视频：2添加面部纹理细节.avi

时间长度：0:43:17　盘号：DVD1

添加面部纹理细节 2

3 调整面部纹理细节

相关章节：第1章

项目文件：St001.psd

相关视频：3调整面部纹理细节.avi

时间长度：0:45:49　盘号：DVD1

6 绘制手臂纹理

相关章节：第2章

项目文件：St002.psd

相关视频：6绘制手臂纹理.avi

时间长度：0:35:13　盘号：DVD1

7 添加手臂纹理细节

相关章节：第2章

项目文件：St003.psd

相关视频：7添加手臂纹理细节.avi

时间长度：0:45:08　盘号：DVD1

4 绘制胸腹纹理

相关章节：第2章

项目文件：St001.psd

相关视频：4绘制胸腹纹理.avi

时间长度：0:46:50　盘号：DVD1

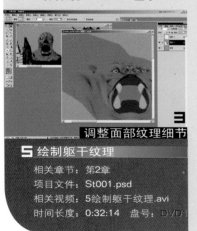

调整面部纹理细节 3

5 绘制躯干纹理

相关章节：第2章

项目文件：St001.psd

相关视频：5绘制躯干纹理.avi

时间长度：0:32:14　盘号：DVD1

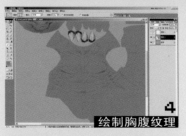

绘制胸腹纹理 4

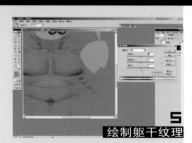

绘制躯干纹理 5

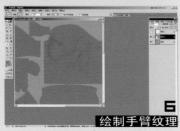

绘制手臂纹理 6

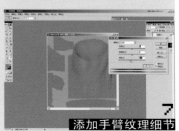

添加手臂纹理细节 7

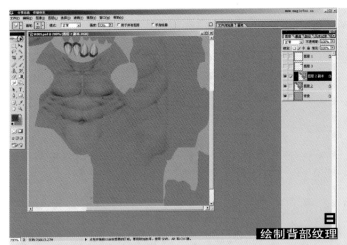

8 绘制背部纹理

相关章节：第2章
项目文件：St004.psd
相关视频：8绘制背部纹理.avi
时间长度：0:36:04　　盘号：DVD1

9 绘制腿部纹理

相关章节：第2章
项目文件：St005.psd
相关视频：9绘制腿部纹理.avi
时间长度：0:38:50　　盘号：DVD1

10 绘制手部纹理

相关章节：第2章
项目文件：St006.psd
相关视频：10绘制手部纹理.avi
时间长度：0:33:23　　盘号：DVD2

11 丰富面部纹理细节

相关章节：第3章
项目文件：St007.psd
相关视频：11丰富面部纹理细节.avi
时间长度：0:47:10　　盘号：DVD2

12 丰富头部纹理细节

相关章节：第3章
项目文件：St007.psd
相关视频：12丰富头部纹理细节.avi
时间长度：0:46:04　　盘号：DVD2

13 添加头部纹理细节

相关章节：第3章
项目文件：St009.psd
相关视频：13添加头部纹理细节.avi
时间长度：0:56:43　　盘号：DVD2

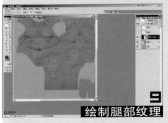

绘制腿部纹理 **9**

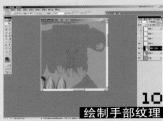

绘制手部纹理 **10**

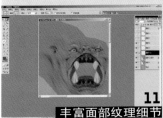

丰富面部纹理细节 **11**

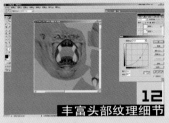

丰富头部纹理细节 **12**

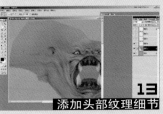

添加头部纹理细节 **13**

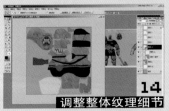

调整整体纹理细节 **14**

14 调整整体纹理细节

相关章节：第4章
项目文件：St010.psd
相关视频：14调整整体纹理细节.avi
时间长度：0:51:22　　盘号：DVD2

15 调整躯干纹理细节

相关章节：第4章
项目文件：St010.psd
相关视频：15调整躯干纹理细节.avi
时间长度：0:35:26　　盘号：DVD2

16 绘制服饰纹理

相关章节：第5章
项目文件：St011.psd
相关视频：16绘制服饰纹理.avi
时间长度：1:03:03　　盘号：DVD2

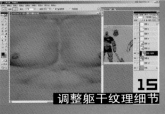

调整躯干纹理细节 **15**

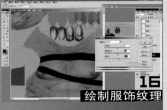

绘制服饰纹理 **16**

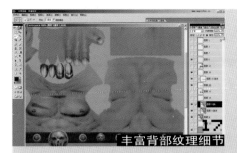
丰富背部纹理细节

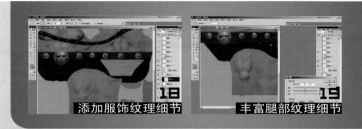
添加服饰纹理细节 18
丰富腿部纹理细节 19

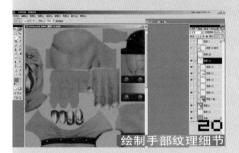
绘制手部纹理细节 20

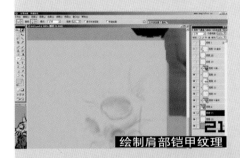
绘制肩部铠甲纹理 21

17
丰富背部纹理细节
相关章节：第5章
项目文件：St011.psd
相关视频：17丰富背部纹理细节.avi
时间长度：0:48:21　　盘号：DVD3

18
添加服饰纹理细节
相关章节：第5章
项目文件：St012.psd
相关视频：18添加服饰纹理细节.avi
时间长度：0:55:30　　盘号：DVD3

19
丰富腿部纹理细节
相关章节：第6章
项目文件：St015.psd
相关视频：19丰富腿部纹理细节.avi
时间长度：0:57:23　　盘号：DVD3

20
绘制手部纹理细节
相关章节：第6章
项目文件：St018.psd
相关视频：20绘制手部纹理细节.avi
时间长度：0:40:42　　盘号：DVD3

21
绘制肩部铠甲纹理
相关章节：第7章
项目文件：St020.psd
相关视频：21绘制肩部铠甲纹理.avi
时间长度：1:01:33　　盘号：DVD3

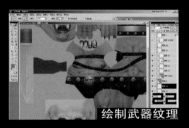
绘制武器纹理 22

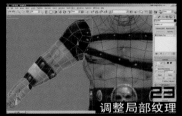
调整局部纹理 23

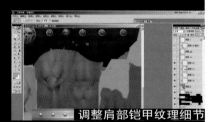
调整肩部铠甲纹理细节 24

22
绘制武器纹理
相关章节：第7章
项目文件：St021.psd
相关视频：22绘制武器纹理.avi
时间长度：0:47:36　　盘号：DVD3

23
调整局部纹理
相关章节：第7章
项目文件：St022.psd
相关视频：23调整局部纹理.avi
时间长度：0:34:06　　盘号：DVD3

24
调整肩部铠甲纹理细节
相关章节：第7章
项目文件：St022.psd
相关视频：24调整肩部铠甲纹理细节.avi
时间长度：0:39:16　　盘号：DVD3

绘制口腔纹理 **25**

修改贴图接缝 **26**

调整纹理接缝 **27**

25

绘制口腔纹理

相关章节：第8章

项目文件：St023.psd

相关视频：25绘制口腔纹理.avi

时间长度：0:20:55　　盘号：DVD4

26

修改贴图接缝

相关章节：第9章

项目文件：St023.psd

相关视频：26修改贴图接缝.avi

时间长度：0:48:59　　盘号：DVD4

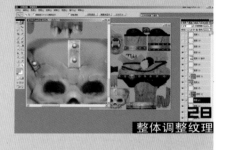

整体调整纹理 **28**

27

调整纹理接缝

相关章节：第9章

项目文件：St023.psd

相关视频：27调整纹理接缝.avi

时间长度：0:42:54　　盘号：DVD4

28

整体调整纹理

相关章节：第9章

项目文件：St023.psd

相关视频：28整体调整纹理.avi

时间长度：0:37:07　　盘号：DVD4

31

绘制衣服纹理细节

相关章节：第10章

项目文件：n_st007.psd

相关视频：31绘制衣服纹理细节.avi

时间长度：0:51:05　　盘号：DVD4

29

女性角色纹理绘制

相关章节：第10章

项目文件：无

相关视频：29女性角色纹理绘制.avi

时间长度：0:03:32　　盘号：DVD4

30

绘制衣服纹理

相关章节：第10章

项目文件：n_st007.psd

相关视频：30绘制衣服纹理.avi

时间长度：1:02:05　　盘号：DVD4

32

纹理的重复利用

相关章节：第10章

项目文件：n_st007.psd

相关视频：32纹理的重复利用.avi

时间长度：0:29:59　　盘号：DVD5

女性角色纹理绘制 **29**

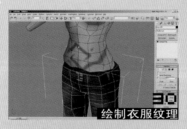

绘制衣服纹理 **30**

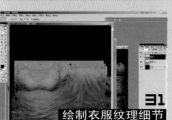

绘制衣服纹理细节 **31**

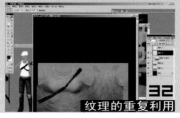

纹理的重复利用 **32**

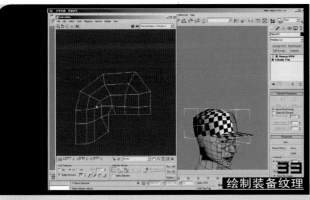

绘制装备纹理 **33**

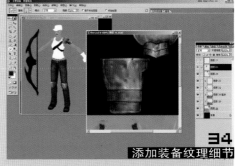

添加装备纹理细节 **34**

33 绘制装备纹理

相关章节：第11章
项目文件：Shirt.psd
相关视频：33绘制装备纹理.avi
时间长度：0:50:19　　盘号：DVD5

34 添加装备纹理细节

相关章节：第11章
项目文件：Shirt.psd
相关视频：34添加装备纹理细节.avi
时间长度：0:49:28　　盘号：DVD5

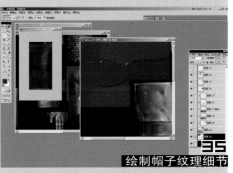

绘制帽子纹理细节 **35**

35 绘制帽子纹理细节

相关章节：第11章
项目文件：Shirt.psd
相关视频：35绘制帽子纹理细节.avi
时间长度：0:34:28　　盘号：DVD5

36 绘制头发纹理

相关章节：第11章
项目文件：Shirt.psd
相关视频：36绘制头发纹理.avi
时间长度：0:26:05　　盘号：DVD5

绘制头发纹理 **36**

绘制腿部铠甲纹理 **37**

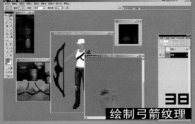

绘制弓箭纹理 **38**

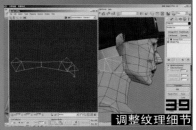

调整纹理细节 **39**

37 绘制腿部铠甲纹理

相关章节：第11章
项目文件：Legs.psd
相关视频：37绘制腿部铠甲纹理.avi
时间长度：0:27:01　　盘号：DVD5

38 绘制弓箭纹理

相关章节：第11章
项目文件：gongjian.psd
相关视频：38绘制弓箭纹理.avi
时间长度：0:50:17　　盘号：DVD5

39 调整纹理细节

相关章节：第11章
项目文件：无
相关视频：39调整纹理细节.avi
时间长度：0:18:21　　盘号：DVD5

目 录

Contents

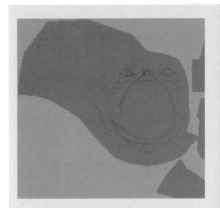

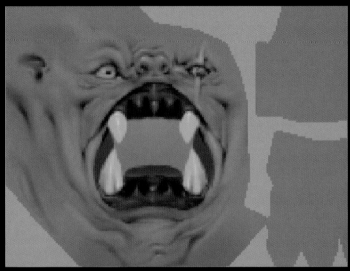

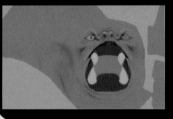

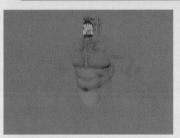

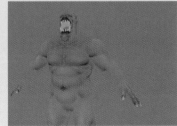

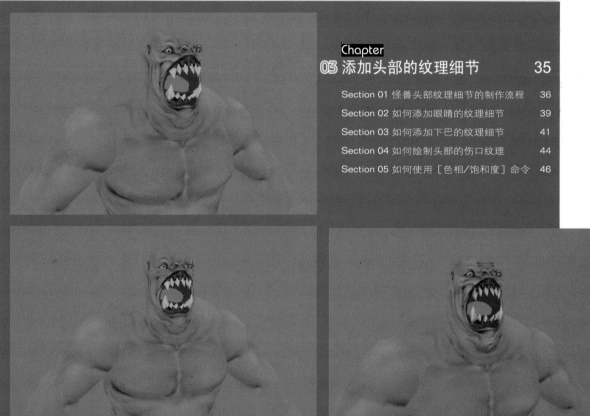

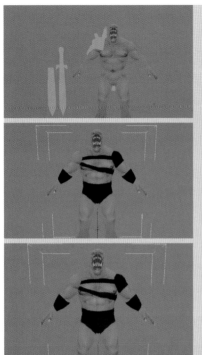
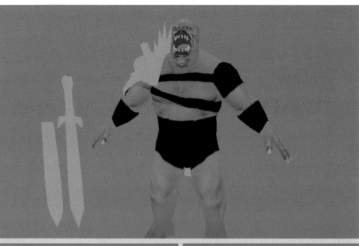
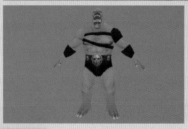

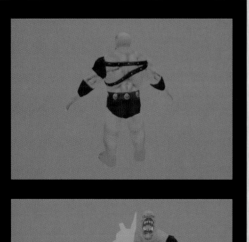
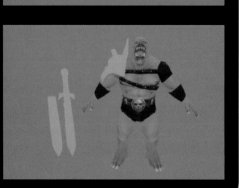

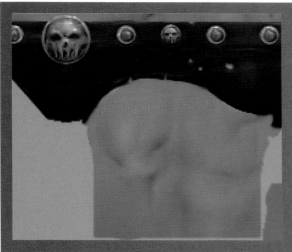
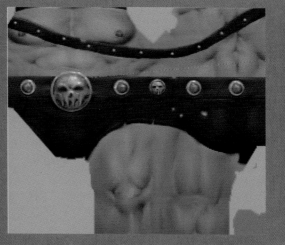

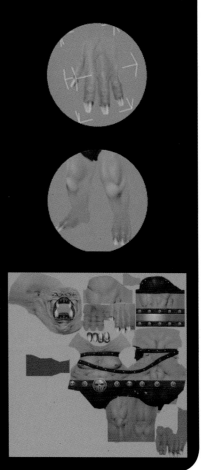

Chapter

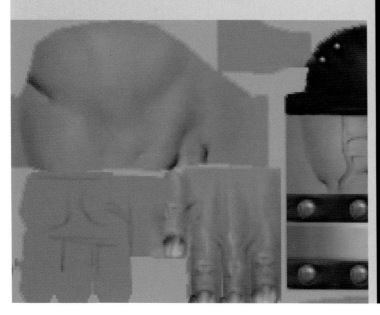

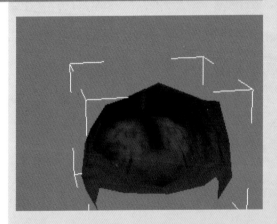

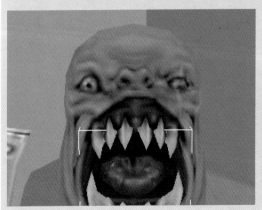

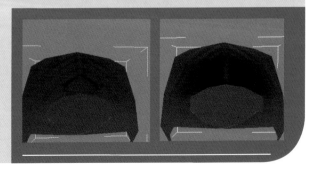

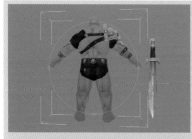

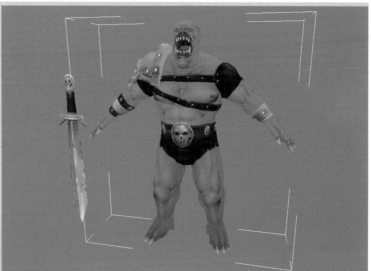

Chapter

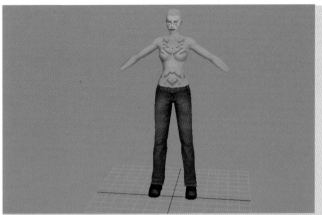

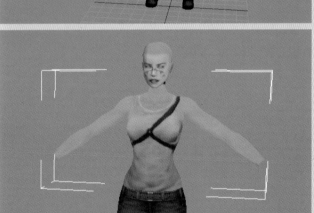

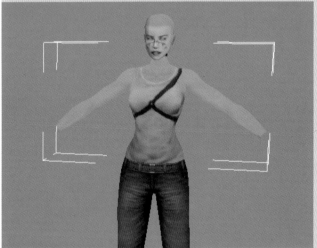

Chapter

绘制怪兽
的面部纹理

01

[Section] 01

怪兽面部纹理
的制作流程

Before

After

Artistic Work

PSD\St.psd

项目文件 | DVD5\Example\ 怪兽纹理
范例文件 | PSD\Start. jpg
视频教程 | DVD1\1 绘制面部纹理 .avi   时间长度 | 00:49:08

Flowchart

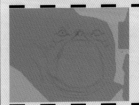 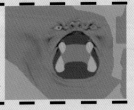  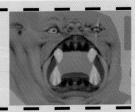

这是展开的原始贴图形状，要在此基础上绘制出角色的各个部分的纹理贴图。在绘制之前，要将黑色的底色去掉，换成灰色，这样方便观察；然后将脸部等皮肤的贴图换成皮肤的颜色。

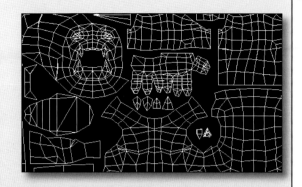

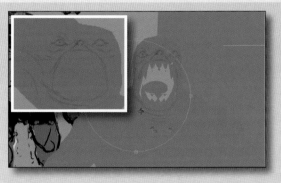

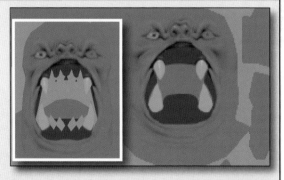 在将皮肤的颜色绘制好之后，要在photoshop中用加深工具绘制出面部的大致轮廓，然后切换到3ds Max软件中查看贴图的效果，以确定所绘制的贴图中各个部位的位置是否准确。

刻画面部细节。在绘制出大致轮廓之后要刻画出五官细节，如添加眼睛的颜色和高光效果、制作鼻翼轮廓以及鼻头上面的高光效果、刻画出脸颊轮廓、修改牙龈颜色以及为牙齿添加高光效果等。再回到3ds Max软件中查看效果。

继续刻画面部细节。使用［色相／饱和度］命令制作出眼眶上周围的轮廓褶皱，鼻子上方的褶皱效果以及眼部的高光、颜色等细节。

5 添加面部褶皱的细节。继续使用[色相／饱和度]命令来修改面部高光和阴影效果，刻画面部褶皱的细节，使面部肌肉更生动。制作流程中可以先调整一边脸的肌肉，然后选择所添加的细节，将其水平翻转到另一边脸上，接着对其进行细微的修改。

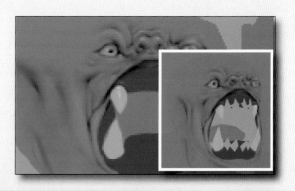

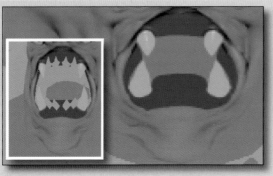

6 加强下巴部分的褶皱效果。其制作方法与前面大致相同，在绘制出下巴部分的褶皱之后，整个面部轮廓的大致效果就出来了。

7 绘制出耳朵部分的轮廓，并制作出额头旁边的轮廓褶皱，使额头部分的轮廓更鲜明。

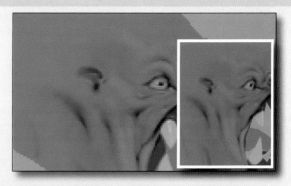

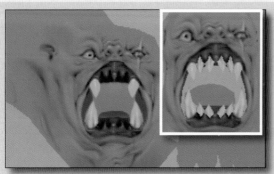

8 添加眼部的伤疤，修改眼睛、牙龈以及嘴唇等的颜色，制作牙齿上的高光效果，然后添加面部阴影等细节，使整个面部显得更加恐怖和凶狠。

[Section] 02

如何绘制
鼻子的纹理

使用工具
1. 加深工具
2. 涂抹工具
3. [色相/饱和度]命令

Before

After

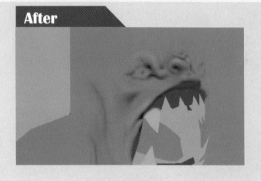

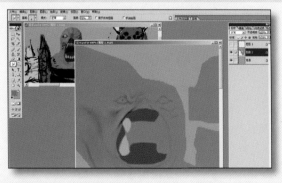

要重新绘制鼻子部分的纹理，可以先使用涂抹工具将鼻子原来的形状涂抹掉，然后再进行绘制。

使用加深工具绘制出鼻子部分的大致轮廓，然后使用涂抹工具将鼻子周围的部分抹平。

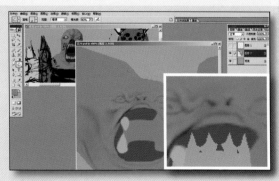

③ 使用套索工具选择鼻子下方的牙龈部分，然后按下 [Ctrl+U] 快捷键，打开[色相／饱和度]对话框，修改牙龈的颜色。

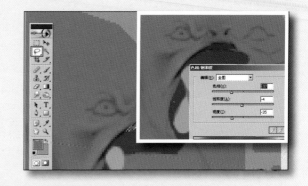

④ 使用套索工具选择鼻子与嘴唇连接的地方，按下 [Ctrl+Alt+D] 快捷键打开 [羽化选区] 对话框，修改羽化半径，然后提高所选区域的亮度。

⑤ 使用上面相同的方法，修改鼻头位置的色相与饱和度，提高其亮度，产生高光效果。对于比较生硬的地方可以使用涂抹工具将其调整得更加柔和。

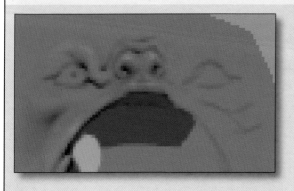

⑥ 使用加深工具继续绘制出鼻子周围的轮廓，使用[色相／饱和度]命令制作出鼻头、鼻孔以及鼻翼周围的明暗效果。在绘制过程中，要注意使用涂抹工具进行调整，使明暗过渡的地方显得更加柔和自然。

[Section] 03

如何绘制耳朵和鬓角的纹理

使用工具

1. 套索工具
2. 涂抹工具
3. [色相/饱和度]命令

Before

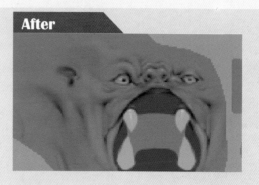

After

1 使用套索工具选择耳朵区域，按下 [Ctrl+Alt+D] 快捷键，打开 [羽化选区] 对话框，设置耳朵部分选区的羽化半径。

2 按下 [Ctrl+U] 快捷键打开 [色相/饱和度] 对话框，调整所选区域的色相与饱和度。然后切换到3ds Max软件中查看贴图在模型上的效果。

3 使用前面介绍的调整色相与饱和度方法，制作耳郭和耳垂部分的阴影轮廓。

4 制作耳朵外围的高光效果，继续加深耳朵内的阴影层次感，并使用涂抹工具对添加的阴影进行涂抹，使明暗过渡更加自然。

5 使用套索工具选择耳郭内的部分区域，然后对所选区域进行颜色编辑。

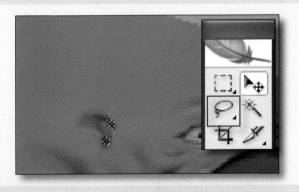

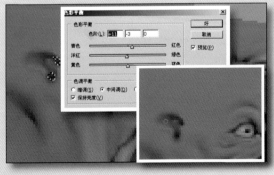

6 选择耳朵内的部分区域，按下〔Ctrl+B〕快捷键打开〔色彩平衡〕对话框，调整所选区域的颜色，使耳朵的颜色显得更加鲜亮。

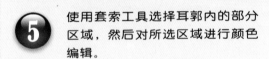

继续使用[色相与饱和度]命令
的调整方法，来制作耳朵周围的
阴影效果，在调整阴影效果的时
候可使用[曲线]命令，即按下
[Ctrl+M]快捷键调出其对话
框，来控制所选区域的亮度。

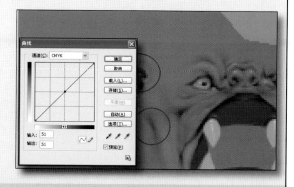

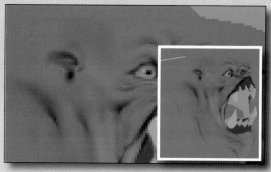

添加鬓角处的阴影效果，使鬓角
处的轮廓更加鲜明。然后切换到
3ds Max软件中查看贴图在模型
上的效果。

制作眉骨上方的高亮效果，丰富
眉骨到鬓角以及耳朵部分的结构
层次，也使其与整个面部表情相
符合。

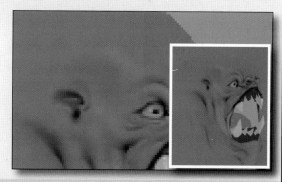

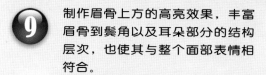

添加眉骨上方褶皱边缘的阴影效
果，这样可以增强褶皱效果，使
面部表情看起来更加凶恶。

[Section]

04

如何绘制眼睛上的伤疤纹理

使用工具

1. 涂抹工具
2. [色彩平衡]命令
3. [曲线]命令

Before

After

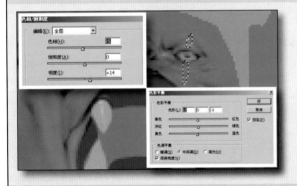

1 选择伤疤区域，将其羽化半径设置为1，然后调整其色相与饱和度，使其颜色变亮，并调整其色彩平衡，制作出伤疤凸出于皮肤表面的效果。

2 选择伤疤周围的区域，调整其色相与饱和度，制作出伤疤周围的阴影效果。

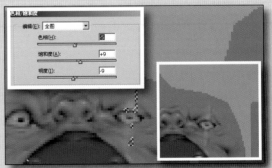

选择伤疤中间的部分，修改其色相与饱和度，并使用[曲线]命令调整其亮度，制作出伤疤中间的高亮效果。

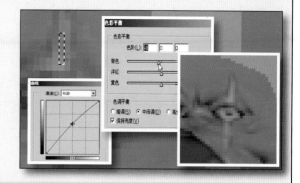

 继续加深伤疤周围的阴影效果，使伤疤的轮廓更加明显。

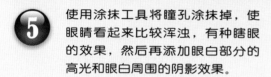

使用涂抹工具将瞳孔涂抹掉，使眼睛看起来比较浑浊，有种瞎眼的效果，然后再添加眼白部分的高光和眼白周围的阴影效果。

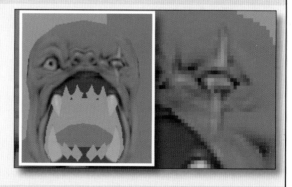

 选择眼睛内的部分区域，将其颜色修改为红色，然后调整其亮度和阴影，使眼睛部分产生充血的效果。

05

如何使用
涂抹工具

Before

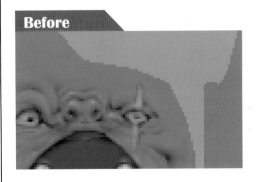

After

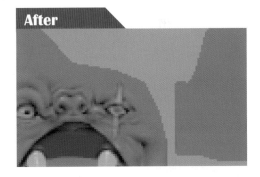

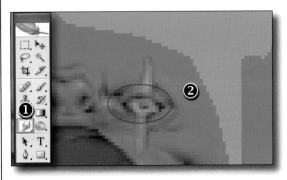

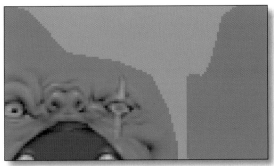

 使用涂抹工具将左眼瞳孔纹理抹平。

❶ 在Photoshop的工具栏中单击此按钮，将其激活。

❷ 在左眼的瞳孔处涂抹，将瞳孔的黑色部分抹平。

 查看涂抹操作完成后的眼睛效果。

涂抹之后的瞳孔变得混沌不清了，这是为了制作出怪兽的这只眼睛已经瞎了的效果。

关键术语 1
什么是涂抹工具？

涂抹工具用于模拟手指涂抹油墨的效果，以涂抹工具在颜色交界处作用，会有一种相邻颜色互相挤入而产生的模糊感。涂抹工具不能在［位图］模式和［索引颜色］模式的图像上使用。

如上图所示，在涂抹工具的选项栏中，可以通过［强度］来控制手指作用在画面上的力度。默认的强度是50%，强度的数值越大，手指拖出的线条就越长，反之则越短。如果强度设置为100%，则可以拖出无限长的线条，直至松开鼠标。

当选中［手指绘画］选项时，每次拖动鼠标绘制时，开始就会使用工具箱中的前景色。如果将［强度］设置为100%，则绘图效果与画笔工具完全相同。

另外，在涂抹工具的使用过程中，键盘上的Option/Alt 键可以控制［手指绘画］选项的开关。即：选择［手指绘画］选项时，按下Option/Alt 键可暂时关闭这一选项；而没有选择时，按下Option/Alt 键则可暂时开启这一选项。

［对所有图层取样］选项与图层有关，当选中此项时，涂抹工具的操作对所有的图层都起作用。

——涂抹前后的效果

实用技巧 1
如何使用涂抹工具

1　选择涂抹工具 。

2　在选项栏中设置画笔笔尖和混合模式选项。

3　在选项栏中勾选［对所有图层取样］选项，可利用所有可见图层中的颜色数据来进行涂抹。如果取消选择该选项，则涂抹工具只使用现用图层中的颜色。

4　在选项栏中勾选［手指绘画］选项可使每个描边起点处以前景色进行涂抹。如果取消选择该选项，涂抹工具会使用每个描边起点处指针所指的颜色进行涂抹。

5　在图像中拖动以涂抹像素。

界面详解 1
涂抹工具

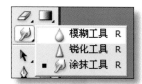
——涂抹工具组

模糊工具、锐化工具、涂抹工具之间切换的快捷键是［Shift+R］。

模糊工具：柔化硬边缘或减少图像中的细节。

锐化工具：聚焦软边缘，以提高清晰度或聚焦程度。

涂抹工具：拾取描边开始位置的颜色，并沿拖动的方向展开这种颜色。

小结
在本章中主要介绍了怪兽面部纹理的制作，包括其五官的刻画和面部的皮肤褶皱的制作。在本书的学习过程中，你将会逐渐熟悉套索工具、涂抹工具、［色彩平衡］命令等基本绘制工具的使用方法及其功能。

读书笔记：

疑难问题：

Chapter

02

绘制躯干和四肢的纹理

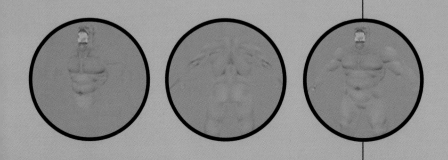

躯干和四肢纹理
的制作流程

Before

After

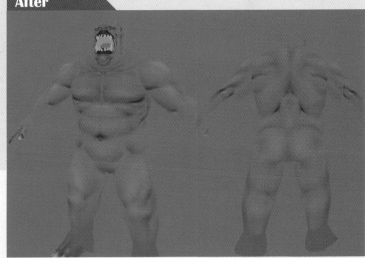

Artistic Work

PSD\St007.psd

项目文件 ｜ DVD5\Example\ 怪兽纹理
范例文件 ｜ PSD\St001.psd
视频教程 ｜ DVD1\4 绘制胸腹纹理 .avi　　　　时间长度 ｜ 00:46:50

Flowchart

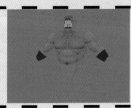
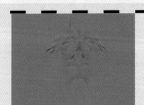
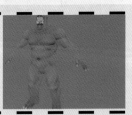

使用加深工具绘制出胸腹纹理的大结构。然后切换到3ds Max软件中查看结构是否准确。此时绘制的腹肌的纹理不需要很深。

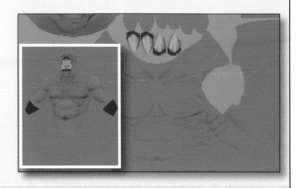

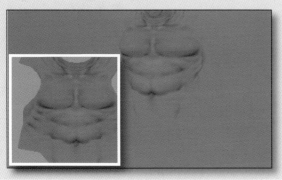

 使用涂抹工具、套索工具、移动工具，以及调整色相与饱和度等方法，修改胸腹纹理的结构，使其更加准确。

添加胸腹上的肌肉细节，并大致绘制出上臂上的肌肉轮廓，在3ds Max软件中查看效果，此时，这个怪兽的角色看起来更加强壮了。

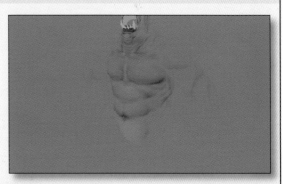

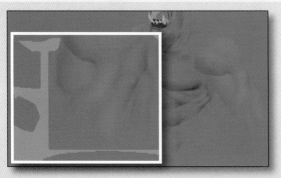

 绘制手臂的纹理。其制作方法与前面介绍的方法一样，先使用加深工具确定出大致轮廓结构，然后再对肌肉细节进行细致的刻画。

5 添加手臂的纹理细节，重点是肘关节周围的肌肉纹理的刻画，然后在手腕处通过填充颜色制作出护腕的效果。

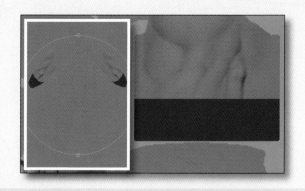

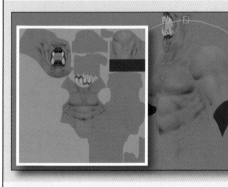

6 对整个手臂进行细节刻画，包括对肌肉结构的调整，肌肉阴影的绘制，颜色的调整等，可以使胳膊上的肌肉看起来更加结实。

7 绘制角色的背部纹理。先使用加深工具勾勒出其大致的结构，包括臀部的位置、肩胛骨的大致位置，腰部肌肉线条等。

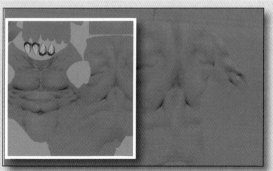

8 添加背部的肌肉细节，强调肌肉的明暗效果，强化肌肉的轮廓。

绘制腿部的纹理结构，使用加深工具大致勾勒出腿部肌肉的结构，膝关节的位置等。

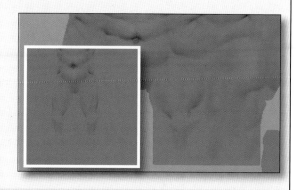

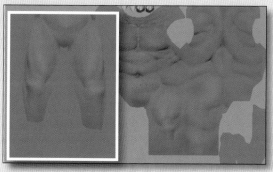

 添加腿部肌肉的纹理细节，刻画出腿部肌肉的阴影效果，调整其结构，使肌肉的分布更加合理。

 绘制手部纹理。将牙齿上面的纹理复制过来，然后对其做些改动，用做指甲的纹理。

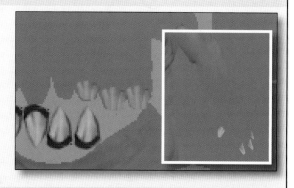

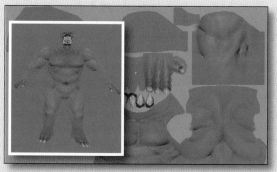

 绘制手指关节等纹理，调整出阴影效果，然后将手指的纹理复制到脚上，并在此基础上做一定的修改，将其用做脚的纹理。

02

如何绘制胸腹的纹理

使用工具

1. 加深工具
2. 变换工具
3. [色相/饱和度]命令

Before

After

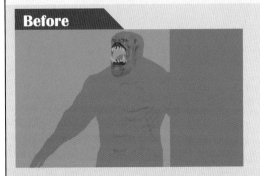

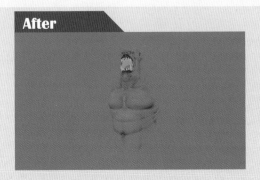

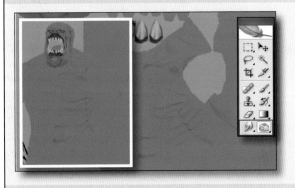

1 使用加深工具绘制出右侧胸腹的大致轮廓，然后使用涂抹工具将比较硬的边缘涂抹得柔和一点。

2 修改右侧的胸腹纹理结构，然后将其选中，新建一个图层，使用变形工具将右侧的纹理水平翻转到左侧。

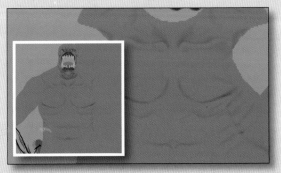

使用加深工具添加腰部的肌肉纹理，然后使用套索工具修改胸腹上的肌肉位置，使肌肉的结构更加合理。

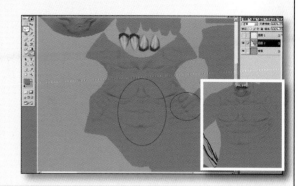

 使用涂抹工具将肌肉上比较硬的线条抹匀，然后制作胸肌的立体效果。使用[色相/饱和度]对话框调整出胸肌上的阴影效果。

 继续调整肌肉上的高光以及阴影等细节，加强肌肉的立体感。并使用涂抹工具调整阴影的过渡处。再使用自由变换工具将修改后的纹理水平复制到另一边。

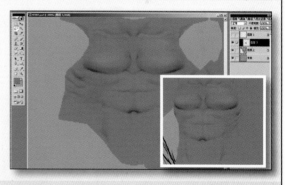

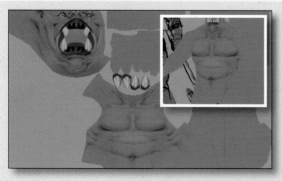

 使用加深工具添加脖子周围的褶皱效果，然后刻画肌肉细节。主要是对肌肉上明暗的调整，以加强肌肉的轮廓感。

[Section]

03

如何绘制
手臂的纹理

使用工具

1. 套索工具
2. 矩形选框工具
3. [拾色器]对话框

Before

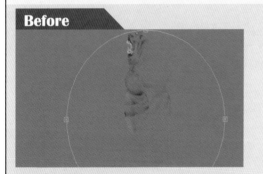

After

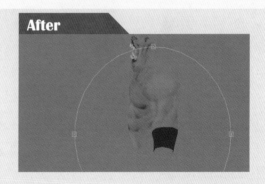

1 使用加深工具绘制出手臂肌肉的大致结构，然后使用涂抹工具将线条涂抹得更加柔和。

2 使用套索工具选取胳膊上肌肉的阴影部分，然后按下 [Ctrl+U] 快捷键打开 [色相/饱和度] 对话框，调整所选区域的色相与饱和度，制作出肌肉的阴影效果。

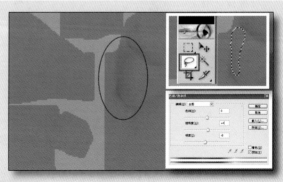

选择肌肉凸起的部分，然后按下
[Ctrl+Alt+D] 快捷键，打开
[羽化选区]对话框，设置选区的
羽化半径，按下 [Ctrl+M] 快捷
键打开 [曲线] 对话框，通过调
整曲线来提高所选区域的亮度，
制作其高光效果。

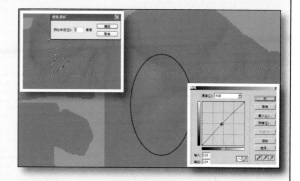

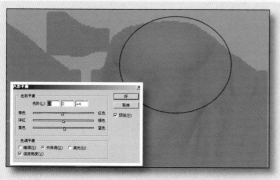

继续使用上一步介绍的方法调整
其他部分肌肉的亮度，并通过[色
彩平衡]命令来调整所选肌肉的颜
色。其他需要调整的肌肉部分也
可以使用相同的方法来添加肌肉
的细节。

制作护腕。使用矩形框选工具选
择手腕部分的皮肤，新建一个图
层，单击 [设置背景色] 色块，
打开 [拾色器] 对话框，设置护
腕的颜色。之后按下 [Ctrl+←]
快捷键填充背景色到所选区域，
制作出护腕效果。

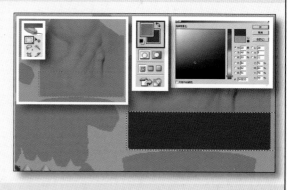

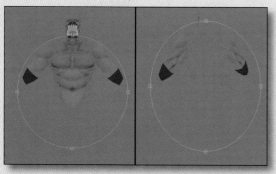

设置好肌肉的轮廓、阴影和高光
等效果之后，整个手臂会显得比
较强壮。

[Section] 04

如何绘制腿部的纹理

使用工具

1. 涂抹工具
2. [色彩平衡]命令
3. [色相/饱和度]命令

Before

After

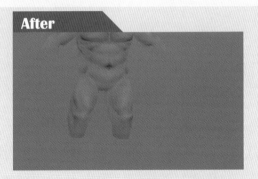

1 激活图层1前面的眼睛标志，在视图中会显示贴图的网格，以网格为参照，绘制出腿部的大致轮廓。将眼睛标志关闭，然后使用涂抹工具将轮廓线涂抹得更加柔和。

2 添加腿部阴影，增强腿部肌肉的轮廓感。添加阴影时，可以使用前面介绍的调整色相与饱和度的调整方法，然后通过涂抹使其过渡更加柔和。

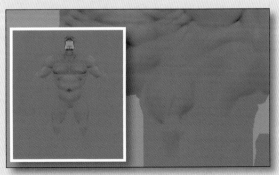

绘制出腿的后面部分的大致纹理，然后切换到3ds Max软件中查看贴图效果。

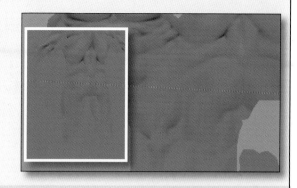

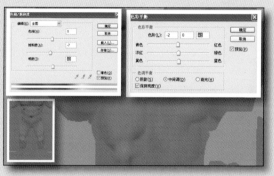

 添加肌肉的阴影细节，并通过[色彩平衡]（Ctrl+B）命令和[色相／饱和度]命令（Ctrl+U）来修改大腿和臀部的肌肉颜色，使其看上去有脂肪覆盖的感觉。

 强化腿部的肌肉轮廓感，增强膝关节处的结构轮廓。强化关节周围的阴影效果。

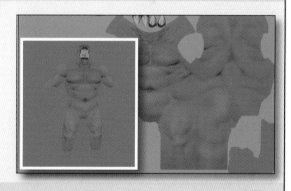

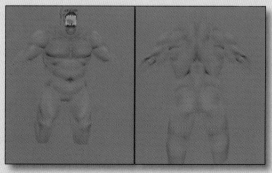

 设置好肌肉的轮廓、阴影和高光等效果之后，整个腿部的效果就显得比较真实了。

[Section] 05

如何绘制手部的纹理

使用工具

1. 涂抹工具
2. [色彩平衡]命令
3. [曲线]命令

Before

After

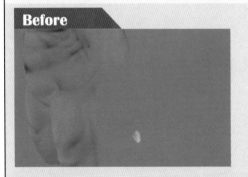

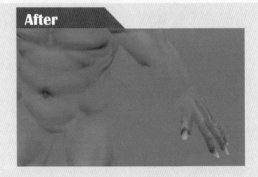

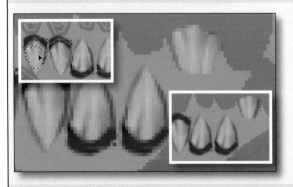

1 使用套索工具选择牙齿上的部分纹理，将其复制到指甲处，对其进行修改后，用做指甲的纹理。将指甲的纹理单独放在一个新图层上。

2 将指甲的纹理复制到其他手指的指甲位置，并使用自由变换工具调整指甲的大小和形状，然后在3ds Max软件中查看贴图效果。

选择指甲纹理所在的图层，按下
［Ctrl+U］快捷键打开［色相／
饱和度］对话框，调整指甲的颜
色。

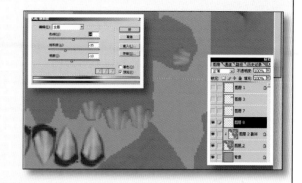

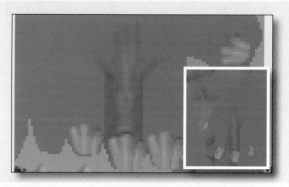

 使用加深工具绘制出手指纹理的
大致轮廓，然后再使用［色相／饱
和度］、［色彩平衡］等命令调整出
大致的阴影、高光效果。

 将绘制好的手指纹理复制到其他
的手指上，然后根据手指的大小
调整纹理的结构以及阴影和高光
等细节效果。

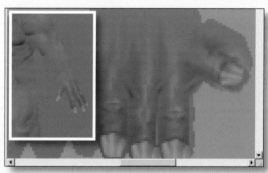

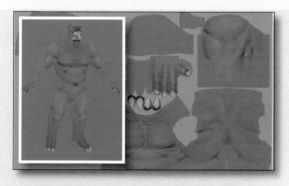

 调整指甲周围的颜色、添加指甲
上的高光效果、添加手背上的纹
理效果，使整个手部的纹理更加
丰富。完成之后，可以将手部的
纹理复制到脚上，对其稍加修
改，用做脚部的纹理。

06

如何使用
自由变换工具

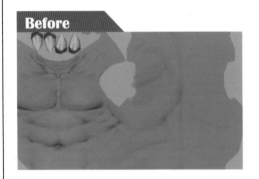

Before

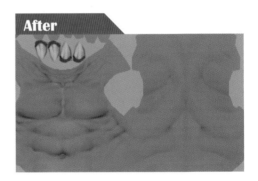

After

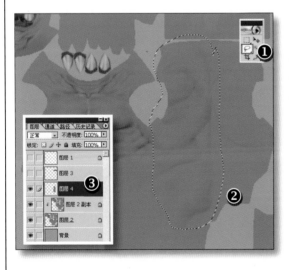

1 将绘制好的纹理复制到一个新图层上。

❶ 使用套索工具选择需要变换的区域。

❷ 选中的区域，会出现蚂蚁线的标记。

❸ 按下[Ctrl+J]快捷键将所选区域进行复制，在图层面板中会出现一个新图层——图层4。

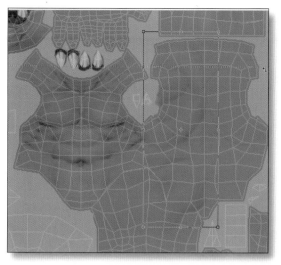

 激活自由变换工具

按下［Ctrl+T］快捷键，视图中会出现一个矩形框。

 使用［水平翻转］命令，调整复制纹理的显示状态。

❶ 将矩形框中间的点移动到右侧，将其作为变换的参考点。

❷ 右击，在弹出的菜单中，选择［水平翻转］命令。

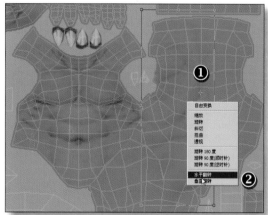

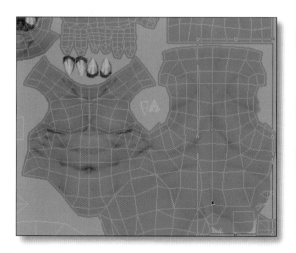

 观察复制后的肌肉纹理效果。

选择［水平翻转］命令之后，左侧的纹理已经被复制到了右侧。

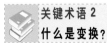
关键术语 2
什么是变换？

利用[变换]和[自由变换]命令,可以对整个图层、图层中选取的部分区域、多个图层、图层蒙版,甚至路径、矢量图形、选择范围和 Alpha 通道进行缩放、旋转、斜切和透视等操作。

[自由变换]命令可用于在一个连续的操作中应用变换(旋转、缩放、斜切、扭曲和透视)。 在 Photoshop 中,可以应用[自由变换]命令而不必选取其他命令,只需在键盘上按住一个键,即可在变换类型之间进行切换。

——通过[编辑]菜单可以调出[变换]命令

界面详解 2

[变换]命令的子菜单

通过"变换"子菜单下的命令,可以将以下变换应用于项目:

1　[缩放]命令可相对于参考点(围绕其执行变换的固定点)增大或缩小项目。 可以水平、垂直或同时沿这两个方向缩放。

2　[旋转]命令围绕参考点转动项目。 默认情况下,该点位于对象的中心,但是可以将它移动到其他位置。

3　[斜切]可用于垂直或水平地倾斜项目。

4　[扭曲]可用于向所有方向伸展项目。

5　[透视]可用于将单点透视应用到项目。

6　[变形]可用于变换项目的形状。

提示:在 Photoshop 中,可以在应用变换时连续执行各种类型的变换命令。 例如,可以选取[缩放]并拖动手柄进行缩放,然后选取[扭曲]并拖动手柄进行扭曲。 然后,按 Enter 键应用这两种变换。 在 ImageReady 中还可以使用[变换]>[数字]命令同时执行多种类型的变换。

实用技巧 2

如何选择要变换的项目

针对不同的操作对象执行[变换]命令,需要进行相应的选择:

1　如果要变换整个图层,请激活该图层,并确保没有选中任何对象。

说明:不能变换背景图层。 要变换背景图层,先将其转换为常规图层。

2　要变换图层的一部分,请在图层面板中选择该图层,然后选择该图层上的部分图像。

3　要变换多个图层,请在图层面板中将图层链接到一起。

4　要变换图层蒙版或矢量蒙版,请取消蒙版链接并在图层面板中选择蒙版缩览图。

5　要变换路径或矢量形状,请使用路径选择工具选择整个路径,或使用直接选择工具选择路径的一部分。 如果只选择了路径上的一个或多个点,则只变换与这些点相连的路径段。

6　如果要变换选区边框,请选择或载入选区。然后执行[选择]>[变换选区]命令。

7　如果要变换 Alpha 通道,请在通道面板中选择通道。

——原图像

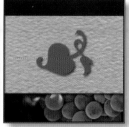
——水平翻转的图层

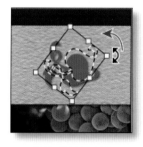
——旋转后的选区边框

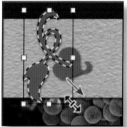
——对象的局部被缩放

实用技巧 3
如何进行自由变换

1　选择要变换的对象。

2　执行下列操作之一：

◇　选择 [编辑] > [自由变换] 命令。

◇　如果要变换选区、基于像素的图层或选区边框，请选择移动工具 ⊹，然后在选项栏中选择"显示变换控件"或"显示变换框"复选框。

◇　（Photoshop）如果要变换矢量形状或路径，请选择路径选择工具 ▶，然后在选项栏中选择"显示定界框"复选框。

3　可根据需要执行下列操作之一：

◇　可以通过拖动手柄进行缩放，拖动手柄时按住 Shift 键可按比例缩放。

◇　可以通过数字进行缩放，在其选项栏中的 W 和 H 文本框中输入百分比。单击 ▒ 图标以保持长宽比。

◇　可以通过拖动进行旋转，将指针移到定界框之外（指针变为弯曲的双向箭头），然后拖动即可。按住Shift键可限制以15°增量进行旋转。

◇　可以通过数字进行旋转，在选项栏中的 [设置旋转] 文本框 ⊿ 中输入数值。

◇　要相对于定界框的中心点进行扭曲，按住 Alt 键（Windows）或 Option 键（Mac OS），并拖动手柄。

◇　要自由扭曲，按住 Ctrl 键（Windows）或 Command 键（Mac OS），并拖动手柄。

◇　要进行斜切，按住 [Ctrl+Shift] 组合键（Windows）或 [Command+Shift] 组合键（Mac OS），并拖动边手柄。当定位到边手柄上时，指针变为带一个小双向箭头的白色箭头。

◇　如果要根据数字斜切，在选项栏中的 H（水平斜切）和 V（垂直斜切）文本框中输入角度。

◇　要应用透视，按 [Ctrl+Alt+Shift] 组合键（Windows）或 [Command+Option+Shift] 组合键（Mac OS），并拖动角手柄。当定位到角手柄上时，指针变为灰色箭头。

◇　要进行变形，单击选项栏中的"在自由变换和变形模式之间切换"按钮 ⬚。拖动控制点以变换项目的形状，或从选项栏中的"变形"下拉菜单中选取一种样式。从"变形"下拉菜单中进行选取后，仍然能够拖动控制点。

◇　要更改参考点，单击选项栏中参考点定位符 ▦ 上的方块。

◇　如果要移动项目，在选项栏中的 X（参考点的水平位置）和 Y（参考点的垂直位置）文本框中输入参考点的新位置的值。在 Photoshop 中单击"相关定位"按钮 △ 可以相对于当前位置指定新位置。

◇　要还原上次变换，选择 [编辑] > [还原] 命令。

4　执行下列操作之一：

◇　要进行变换，按 Enter 键（Windows）或 Return键（Mac OS），单击选项栏中的"提交"按钮，或者在变换选框内双击。

◇　要取消变换，请按 Esc 键或单击选项栏中的"取消"按钮。

如何填充
选区的颜色

Before

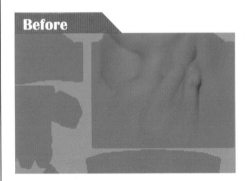

After

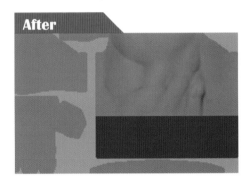

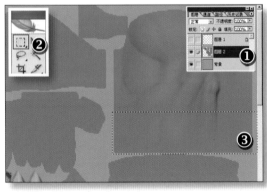

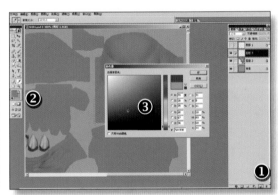

 选择手腕部分的纹理贴图。

❶ 在图层面板中选择图层2,将其激活。

❷ 在工具栏中激活矩形选框工具。

❸ 框选手腕部分的贴图。

 在拾色器中选择要填充的颜色。

❶ 单击此钮,创建一个新的图层——图层3。

❷ 单击[设置背景色]色块,打开[拾色器]对话框。

❸ 选择要填充的颜色,单击[好]按钮退出该对
话框。

 实用技巧 4

如何用前景色／背景色填充选区或图层

使用前景色或背景色填充选区或图层，可以采用以下操作方法：

1　选择一种前景色或背景色。

2　选择要填充的区域。要填充整个图层，请在图层面板中选择该图层。

3　选择[编辑]>[填充]命令以填充选区或图层。要填充路径，请选择路径并从路径面板菜单中选择[填充路径]命令。

4　在"填充"对话框中，设置"使用"为以下选项之一，或选择一个自定图案：前景色、背景色、黑色、50% 灰色或白色，使用指定颜色填充选区。

◇　颜色：使用从拾色器中选择的颜色填充。

◇　图案：使用图案填充选区。单击图案示例旁边的倒箭头，并从弹出式调板中选择一种图案。还可以使用弹出式调板菜单载入其他图案。选择图案库的名称，或选择[载入图案]命令并定位到包含要使用的图案的文件夹。

◇　历史记录：将选定区域恢复为在历史记录面板中设置为源的状态或图像快照。

说明：如果使用[黑色]选项填充 CMYK 图像，则 Photoshop 会用 100% 黑色填充所有通道。这可能导致油墨量比打印机所允许的要多。在填充 CMYK 图像时，要获得最佳效果，可将前景色设置成适当的黑色。

5　指定填充的混合模式和不透明度。

6　如果正在图层中工作，并且只想填充包含像素的区域，请选取"保留透明区域"。

 填充背景色。

按键盘上的 [Ctrl+Shift+←] 快捷键，可以将背景色填充到所选区域。

提示：按 [Alt+Shift+←] 快捷键可以将前景填充到所选区域。

7　单击"确定"按钮，应用填充效果。

提示：要将前景色填充只应用于包含像素的区域可按 [Alt+Shift+Backspace] 快 捷 键（Windows） 或 [Option+Shift+Delete] 快捷键（Mac OS），这将保留图层的透明区域；要将背景色填充只应用于包含像素的区域，可按 [Ctrl+Shift+Backspace] 快 捷 键（Windows） 或 [Command+Shift+Delete] 快 捷 键（Mac OS）。

界面详解 3

拾色器

可以通过从色谱中选取或者通过数字形式定义颜色在 Adobe 拾色器中选择颜色。通过 Adobe 拾色器可以设置前景色、背景色和文本颜色。

在 Photoshop 中，还可以使用拾色器来执行以下操作：在某些色调调整命令中设置目标颜色；在[渐变编辑器]对话框中设置渐变色；在[照片滤镜]命令中设置滤镜颜色；在填充图层、某些图层样式和形状图层中设置颜色。

在 Adobe 拾色器中选择颜色时，会同时显示 HSB、RGB、Lab、CMYK 和十六进制数的数值。这对于查看各种颜色模式描述颜色的方式非常有用。

在 Adobe 拾色器中，可以基于 HSB（色相、饱和度、亮度）或 RGB（红色、绿色、蓝色）颜色模式选择颜色，或者根据颜色的十六进制值来指定颜色。

在 Photoshop 中，还可以基于 Lab 颜色模式选择颜色，以及基于 CMYK（青色、洋红、黄色、黑色）颜色模式指定颜色。可以将 Adobe 拾色器配置为只能从 Web 安全色或几个自定颜色系统中选取。 Adobe 拾色器中的色域可显示 HSB 颜色模式、RGB 颜色模式和（Photoshop）Lab 颜色模式中的颜色分量。

提示：尽管 Photoshop 和 ImageReady 在默认情况下使用 Adobe 拾色器，但是仍可以通过设置首选项来在 Photoshop 和 ImageReady 使用其他拾色器。 例如，可以使用系统内置的拾色器或增效工具拾色器。 安装的任何增效工具拾色器都会显示在 [首选项] 对话框中 [常规] 部分的 [拾色器] 下拉列表中。

——Adobe 拾色器

A. 拾取的颜色　B. 原颜色　C. 调整后的颜色

D. [超出色域] 警告图标　E. [非 Web 安全] 警告图标

F. [只有 Web 颜色] 选项　G. 色域　H. 颜色滑块　I. 颜色值

关键术语 3
什么是图层？

图层允许在不影响图像中其他图像元素的情况下处理某一图像元素。可以将图层想象成是一张张叠

起来的醋酸纸，可以透过图层的透明区域看到下面的图层。通过更改图层的顺序和属性，可以改变图像的合成。另外，调整图层、填充图层和图层样式这样的特殊功能可用于创建复杂效果。

——图层上的透明区域使您能够看透下面的图层

Photoshop 使用前景色来绘画、填充和描边选区，使用背景色来生成渐变填充或在图像已抹除的区域中填充。一些特殊效果滤镜也使用前景色和背景色。

可以使用吸管工具、颜色面板、色板面板或 Adobe 拾色器指定新的前景色或背景色。

默认前景色是黑色，默认背景色是白色。（在 Alpha 通道中，默认前景色是白色，默认背景色是黑色。）

小结

在本章中主要介绍了如何绘制怪兽的躯干和四肢的纹理。在绘制纹理的过程中，对于大面积的纹理，一般可绘制一半的纹理，然后使用复制的方法制作出另一半的纹理。在本章中，还介绍了在复制纹理过程中常用的有关图层和自由变换的相关知识。

03

Chapter

添加头部的
纹理细节

怪兽头部纹理细节
的制作流程

Before

After

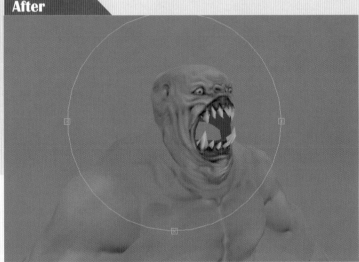

Artistic Work

PSD\St010.psd

项目文件	DVD5\Example\ 怪兽纹理
范例文件	PSD\St007.psd
视频教程	DVD2\11 丰富面部纹理细节 .avi 时间长度	00:47:10

Flowchart

选择口腔部分的贴图，然后填充口腔的颜色。再返回到3ds Max软件中查看模型上的贴图效果。

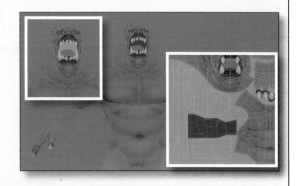

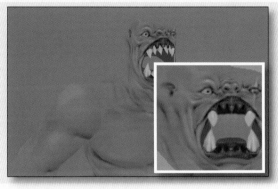

 制作出眉骨上的高光效果以及周围的阴影，添加颧骨部分的高光以及阴影细节，在鼻子周围添加一些黑色的小点，增强角色的细节特征。

 刻画眼睛细节。在眼球上添加高光效果，突出眼球的体积感。在眼白周围添加阴影效果，增强整个眼部的层次感。然后在眼眶外围添加一些阴影加强眼袋效果。

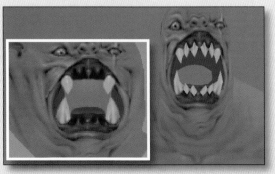

加强嘴巴张开时，嘴唇周围产生的褶皱效果，增强脸部的肌肉层次感；修改嘴唇部分的颜色，添加嘴唇上的高光效果等细节。贴图显示的右边脸，是还没有添加纹理细节时的效果。

将绘制好的脸部纹理复制到另一边脸上，然后对其进行细节调整。包括对伤疤纹理、脸部高光等的修改。使脸部纹理看起来更加丰富。

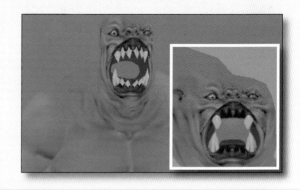

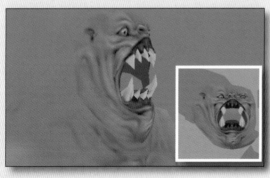

 加强下巴部分的褶皱效果。在下颌骨的连接处添加一些比较明显的褶皱，制作出非人类的结构效果，增加角色怪兽的结构特征。还可以在下巴位置添加一些小的斑点纹理。

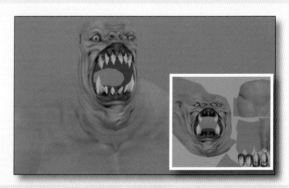 制作牙齿的纹理细节。在牙根部分添加一些比较暗的牙渍效果，调整牙的颜色并添加其高光效果，制作出怪兽的一口黄牙，但却很锋利。

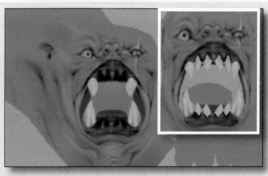

添加后脑勺部分的纹理细节。绘制出后脑勺部分的褶皱纹理，添加一个伤疤纹理，然后调整头部的高光阴影效果等，为了使头部的纹理看起来不太单调，可以添加一些细节的明暗纹理，如小的高光、斑点等效果。

[Section]

02

如何添加眼睛的纹理细节

使用工具

1. 套索工具
2. [色彩平衡]命令
3. [色相/饱和度]命令

Before

After

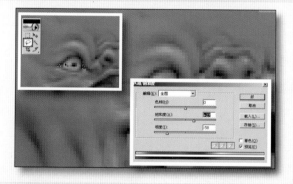

① 使用套索工具选取眼角部分区域，然后按［Ctrl+U］快捷键打开［色相/饱和度］对话框，将所选区域的颜色调暗。

② 使用与上步相同的方法，选择眼白部分区域，将其颜色调暗，然后在3ds Max软件中查看调整后的贴图效果。

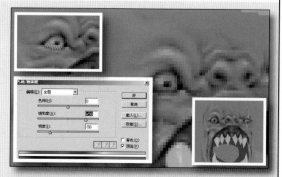

选择眼球瞳孔外侧的部分区域，增强所选区域的明度，制作出眼球的高光效果，体现出眼球的体积感。

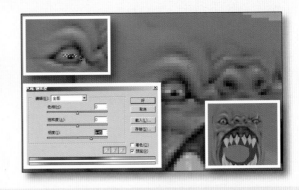

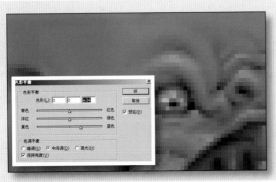

继续添加眼球上的高光效果，并通过 [色彩平衡] 命令来调整眼球下方的反光区域的颜色。

添加眼睑部分的高光效果。选择要添加高光的区域，调整其明度，然后在 [色彩平衡] 对话框中调整其高光部分的颜色效果。再使用涂抹工具将高光过渡涂抹得柔和些。

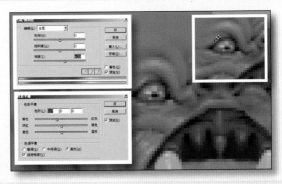

使用前面介绍的方法添加眼部上方的阴影效果，然后使用涂抹工具将眉骨上的高光效果以及下方的阴影涂抹得均匀些。

[Section] 03

如何添加下巴的纹理细节

使用工具

1. 套索工具
2. 涂抹工具
3. [色相/饱和度]命令

Before

After

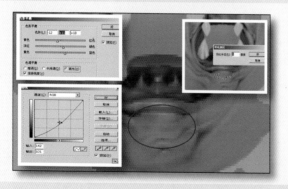

1 选择下巴上的部分区域，按 [Ctrl+Alt+D] 快捷键，打开 [羽化选区] 对话框，将 [羽化半径] 设为1，然后打开 [色彩平衡] 对话框调整其颜色，再通过调整曲线将所选部分的阴影变暗。

2 继续选择下巴上要添加阴影效果的区域，按 [Ctrl+U] 快捷键打开 [色相／饱和度] 对话框，调整所选区域的色相与饱和度，将其变暗，然后使用涂抹工具将阴影部分涂抹一下，使过渡更加自然。

选择下巴上凸出部分的区域，将其[羽化半径]设为1，然后通过[色彩平衡]命令和[曲线]命令提高所选区域的亮度，产生高光效果。

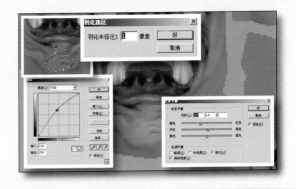

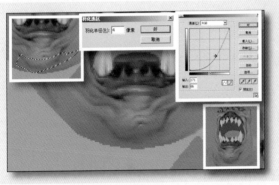

选择下巴底部区域，将其[羽化半径]设为4，然后通过调整曲线将其亮度变暗，切换到3ds Max软件中查看贴图效果。

继续添加下巴部分的纹理细节，使用[色相/饱和度]命令调整褶皱上的高光与阴影效果，然后使用涂抹工具进行涂抹，使阴影过渡更加柔和自然。

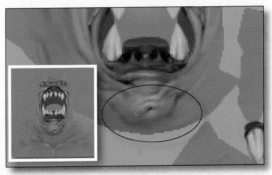

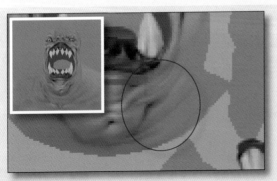

添加下巴周围的细纹褶皱效果，这些不太明显的结构效果，其明暗对比不需要太强烈。

选择下巴的右侧边缘区域，按
[Ctrl+T] 快捷键，激活自由变
换工具，将对称的中心点移至鼻
子下方，然后将所选纹理水平翻
转到另一侧。

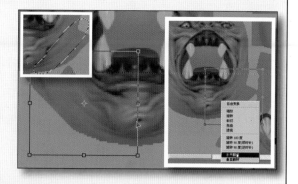

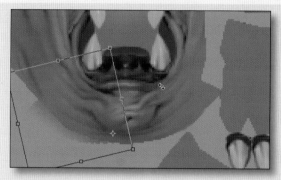

 将对称的中心点移动到右下
方，然后将复制的纹理旋转一
定的角度，使其分布与右边不
完全对称。

制作接缝处的结构效果。选择下
巴与身体连接处区域，调整其色
相与饱和度，将所选区域变暗，
这样该接缝的结构就显得清晰锐
利了。

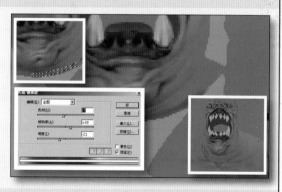

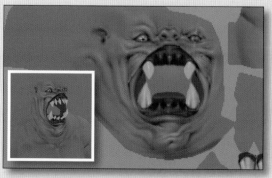

 继续在下巴周围添加一些青色的
皮肤效果，然后在使用前面介绍
的方法，添加其他细节，如加强
褶皱光影效果、添加下巴上的斑
点、绘制下颌骨连接处的结构效
果等，增强其结构细节。

[Section]

04

如何绘制头部的伤口纹理

使用工具

1. 涂抹工具
2. [色彩平衡]命令
3. [曲线]命令

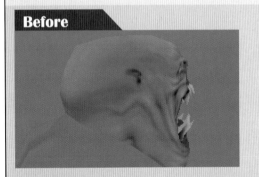

Before

After

 使用套索工具选择伤口区域的轮廓，然后在〔色相/饱和度〕对话框中调整其颜色。

② 选择伤口内侧的一小块区域，调整其色相与饱和度，将其颜色调深一点，制作出一定的层次感。

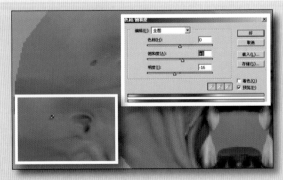

选择伤口的外侧区域，提高其明度，制作出一定的高光效果，使其结构更明了。

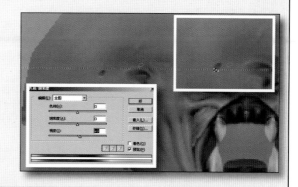

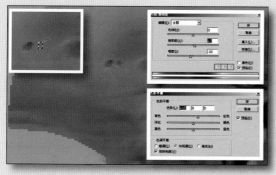

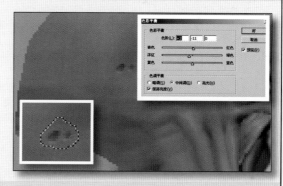 选择旁边的一块区域，使用〔色相／饱和度〕对话框和〔色彩平衡〕对话框修改其颜色，制作出另一个块伤口效果。

框选整个伤口区域，使用〔色彩平衡〕命令修改其颜色，将所选区域的颜色变红。使伤口看起来有红肿的感觉。

 继续在伤口周围添加青紫色的肿胀的纹理效果，然后将整个区域的颜色调暗，这个伤口就显得更加逼真了。

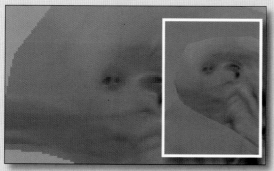

[Section]

05

如何使用［色相／饱和度］命令

Before

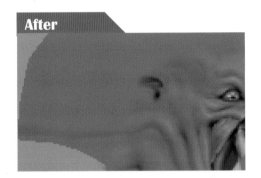
After

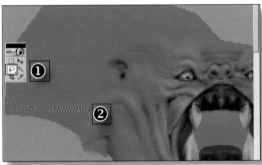

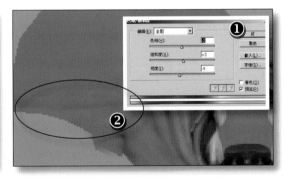

 使用套索工具选择后脑勺的部分纹理。

❶ 在Photoshop的工具栏中单击此按钮，将套索工具激活。

❷ 选择后脑勺的部分区域。

 使用［色相／饱和度］命令调整所选区域的颜色。

❶ 按［Ctrl+U］快捷键，打开［色相／饱和度］对话框，在对话框中调整所选区域的色相与饱和度。

❷ 在视图中可以同步观察调整后的效果。

关键术语 4

什么是［色相／饱和度］命令？

使用［色相／饱和度］命令可以调整图像中特定颜色分量的色相、饱和度和亮度，或者同时调整图像中的所有颜色。 在 Photoshop 中，此命令尤其适用于微调 CMYK 图像中的颜色，以使其处在输出设备的色域内。

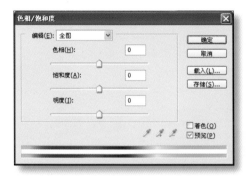

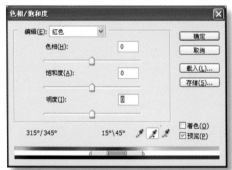

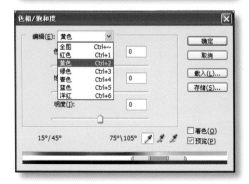

—— ［色相／饱和度］对话框

如果修改调整滑块，使其归入不同的颜色范围中，则其在［编辑］菜单中的名称会相应修改。例如，如果选取"黄色"并改变其范围，使其归入颜色条的红色部分，则其名称更改为［红色 2］。

实用技巧 5

如何使用［色相／饱和度］命令

使用［色相／饱和度］命令，可通用以下操作：

1　执行下列操作之一：

◇　选择［图像］>［调整］>［色相／饱和度］命令。

◇　选择［图层］>［新建调整图层］>［色相／饱和度］命令。在［新建图层］对话框中单击［确定］按钮。在弹出的对话框中显示有两个颜色条，分别以各自的顺序表示色轮中的颜色。上面的颜色条显示调整前的颜色，下面的颜色条显示调整后如何以全饱和状态影响所有色相（Photoshop）。

2　使用［编辑］弹出式菜单选择要调整的颜色：

◇　选［全图］选项可以调整所有颜色。

◇　为要调整的区域选择列出的一个预设颜色范围。 要修改颜色范围，请参阅实用技巧 6。

3　对于［色相］项，通过输入一个值或拖动滑块，直至对颜色满意为止。 文本框中显示的值反映像素原来的颜色在色轮中旋转的度数。正值指明顺时针旋转，负值指明逆时针旋转。值的范围可以从 -180 到 +180。

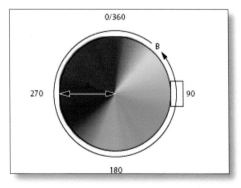

——色轮　A. 饱和度　B. 色相

4　对于[饱和度]项,通过输入一个值,或将滑块向右拖动增加饱和度,向左拖动减少饱和度。颜色将变得远离或靠近色轮的中心。值的范围可以是 -100(饱和度减少的百分比,使颜色变暗)到 +100(饱和度增加的百分比)。

5　对于[明度]项,通过输入一个值,或者向右拖动滑块以增加亮度(向颜色中增加白色),向左拖动滑块以降低亮度(向颜色中增加黑色)。 值的范围可以是 -100(黑的百分比)到 +100(白色的百分比)。

注意:单击[复位]按钮可取消[色相/饱和度]对话框中的设置。按 Alt 键(Windows)或 Option 键(Mac OS)可将[取消]按钮更改为[复位]按钮。

实用技巧 6
在[色相/饱和度]命令中指定颜色范围

在[色相/饱和度]命令中指定调整的颜色范围,可通过以下操作:

1　执行下列操作之一:

◇　选择 [图像]>[调整]>[色相/饱和度]命令。

◇　选择 [图层]>[新建调整图层]>[色相/饱和度]命令。 在[新建图层]对话框中单击[确定]按钮。

2　在[色相/饱和度]对话框中,从[编辑]下拉列表中选择一种颜色。对话框中即会出现4个色轮值(用度数表示),与出现在这些颜色条之间的调整滑块相对应。两个内部的垂直滑块定义颜色范围,两个外部的三角形滑块表示在调整颜色范围时在何处"衰减"(衰减是指对调整进行羽化,而不是精确定义是否应用调整)。

3　使用吸管工具或调整滑块来修改颜色范围。

◇　使用吸管工具在图像中单击以选择颜色范围。要扩大颜色范围,使用带加号的吸管工具在图像中单击。要缩小颜色范围,用带减号的吸管工具在图像中单击。在吸管工具处于选定状态时,也可以按 Shift 键来添加范围,按 Alt 键(Windows)或 Option 键(Mac OS)来缩小范围。

◇　拖动其中一个白色三角形滑块,以调整颜色衰减量(羽化调整)而不影响范围。

◇　拖动三角形滑块和竖条滑块之间的区域,以调整范围而不影响衰减量。

◇　拖动中心区域以移动整个调整滑块(包括三角形滑块和竖条滑块),从而选择另一个颜色区域。

◇　通过拖动其中的一个白色竖条滑块来调整颜色分量的范围。从调整滑块的中心向外移动竖条,并使其靠近三角形滑块,从而增加颜色范围并减少衰减。将竖条滑块移近调整滑块的中心并使其远离三角形滑块,从而缩小颜色范围并增加衰减。

◇　按住 Ctrl 键(Windows)或 Command 键(Mac OS)拖动颜色条,使不同的颜色位于颜色条的中心。

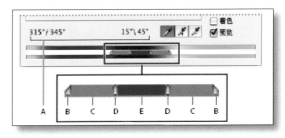

——[色相/饱和度]调整滑块

A.[色相]滑块值　B. 调整衰减而不影响范围　C. 调整范围

而不影响衰减　D. 调整颜色范围和衰减　E. 移动整个滑块

说明:默认情况下,在选取颜色成分时选定的颜色范围是 30°宽,即两头都有 30°的衰减。 衰减设置得太低会在图像中产生带宽。

小结

本章中主要是添加头部的纹理细节。如脸部褶皱细节的调整,眼睛上高光细节的添加,牙齿纹理的绘制以及脸部的斑点,头部高光及伤疤等细节纹理的制作。在最后一部分详细介绍了如何使用[色相/饱和度]命令来制作出想要得到的效果。

Chapter

添加躯干
的纹理细节

[Section] 01

怪兽躯干纹理细节的制作流程

Before

After

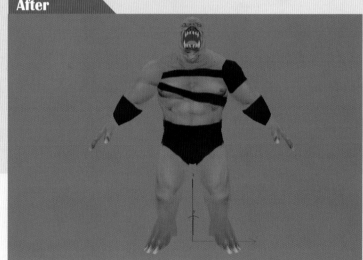

Artistic Work

PSD\St012.psd

项目文件 | DVD5\Example\ 怪兽纹理
范例文件 | PSD\St010.psd
视频教程 | DVD2\14 调整整体纹理细节 .avi　时间长度 | 00:51:22

Flowchart

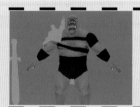
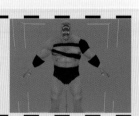

使用画笔工具绘制出衣服的大致纹理，确定出身体的哪些地方要被遮住，这样在添加细节的时候就不用在被遮盖的地方细致地添加纹理了。

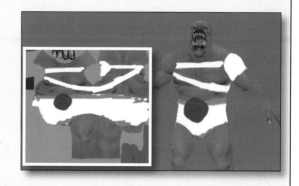

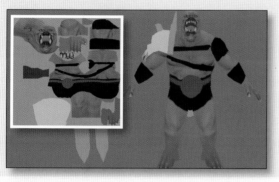

 使用画笔工具修改衣服的颜色，并为肩膀上的盔甲部分添加颜色，然后在3ds Max软件中，查看整体的结构效果。

 使用橡皮擦工具和画笔工具调整衣服的边缘；吸取原画中的衣服颜色来绘制服装色块，然后通过剪贴蒙版限制服装色块的形状；最后调整其色相与饱和度，制作出衣服的皮革材质与贴身效果。

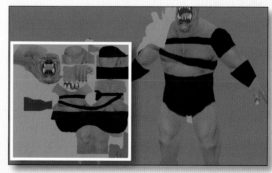

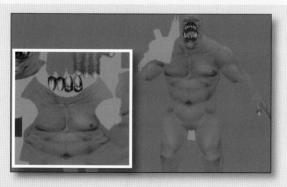

 将衣服所在的层隐藏，进一步完善胸腹上的结构纹理，添加胸部的高光效果，以及腹部的肌肉结构，调整胳膊连接处的纹理，使接缝处的纹理柔和自然。

5 刻画胸部的纹理细节，调整其肌肉阴影以及高光效果等，然后将调整好的纹理复制到另一边，再切换到3ds Max软件中查看绘制的贴图效果。

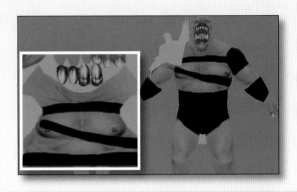

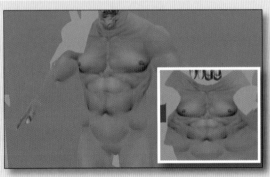

6 刻画腹部的肌肉细节。为其添加一些非人类的肌肉结构，增强其怪兽的特征，在添加肌肉高光效果时，将高光颜色调成偏青色的冷色调，加强肌肉的明暗对比。

7 将衣服所在的层显示出来，使用涂抹工具在衣服上涂抹，使其结构变得模糊一些，但是保留其高光部分的纹理；然后使用套索工具对衣服的边缘进行修改，使边缘更加平滑，然后将裤子的高度调低。

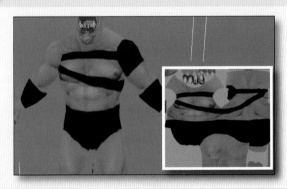

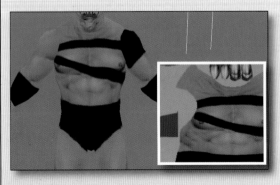

8 皮带勒住肌肉时会产生肌肉挤压效果，使用［色相／饱和度］命令制作出挤压肌肉时所产生的高光以及阴影等效果。

[Section]

02

如何添加胸部的纹理细节

使用工具
1. 套索工具
2. [色彩平衡]命令
3. [色相/饱和度]命令

Before

After

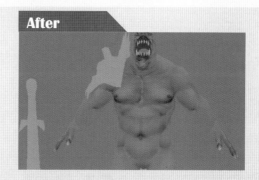

使用套索工具选择胸部周围的纹理，然后按 [Ctrl+Alt+D] 快捷键打开 [羽化选区] 对话框，将 [羽化半径] 设为1，然后单击 [好] 按钮，退出该对话框。

按 [Ctrl+U] 快捷键，打开 [色相/饱和度] 对话框，调整出所选区域的阴影效果，然后使用涂抹工具对阴影部分进行涂抹，添加胸肌的轮廓细节。

3 选择锁骨下方的部分区域，使用〔色相/饱和度〕与〔色彩平衡〕命令调整其亮度，制作出一块凸起的肌肉效果。

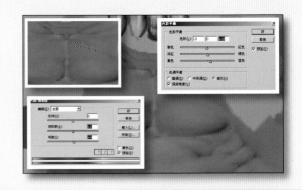

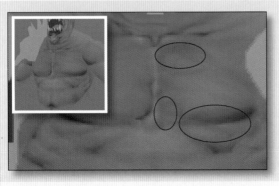

4 使用前面介绍的方法继续添加胸肌周围的阴影效果，并将胸口处一小块区域的高光颜色调整为偏红色。

5 使用〔色彩平衡〕命令在胸部绘制出一个乳头结构，然后使用〔色相/饱和度〕命令调整出乳头周围的高光或阴影效果，完善胸肌结构。

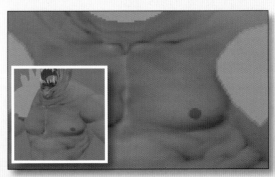

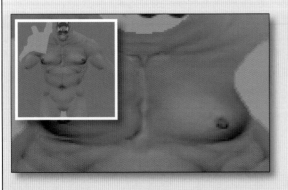

6 添加胸部细节。通过对阴影的调整增强胸部骨骼的结构特点；刻画乳头细节，制作出其结构效果。增强胸部的高光或阴影效果，使胸肌看上去更发达。然后将绘制好的纹理复制到另一侧的胸部上。

[Section] 03

如何使用剪贴蒙版

1 创建衣服的剪贴蒙版图层。

❶ 创建一个新的剪贴蒙版图层——图层12，因为图层12位于两个剪贴蒙版图层中间，因此只要单击[创建新图层]按钮，就会直接创建一个剪贴蒙版图层。

❷ 在工具栏中激活画笔工具。

❸ 在图层12上绘制出衣服的大致轮廓。单击[设置前景色]色块可以修改画笔的颜色。

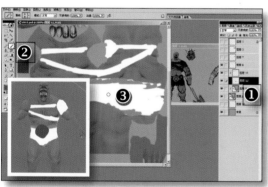

2 将裤子的颜色修改为深棕色。

❶ 单击 [设置前景色] 色块，然后将鼠标移至原画的贴图上，鼠标会变成吸管的形状，在衣服上单击，吸取衣服颜色，前景色变成棕色。

❷ 使用画笔工具将裤子的颜色修改成棕色。但是这样来修改颜色比较麻烦。接下来会介绍一种比较简单的方法。

❸ 按Ctrl键，单击图层12左侧的图层缩览图，将衣服所在的区域选中。

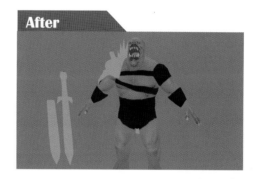

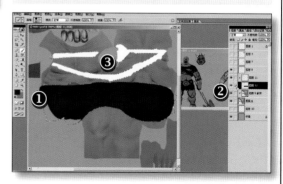

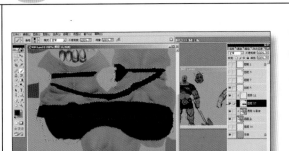

 3 将衣服的颜色都改成深棕色。

在选择好衣服所在的区域后，按
[Alt+Shift+←] 快捷键，填充前景色，将衣
服的颜色修改为原画中的衣服颜色。

 4 绘制腰带上的圆盘图案。

❶ 创建一个新的剪贴蒙版图层——图层13。

❷ 在该图层上绘制出腰带上面的圆盘图案。

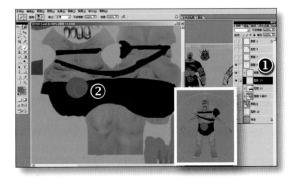

 5 绘制腰带和护腕的纹理。

❶ 在图层12上绘制出腰带的纹理，将腰带圆盘的
图案单独放在一层可以方便修改它的位置。

❷ 在手腕处添加颜色，制作出护腕的效果。

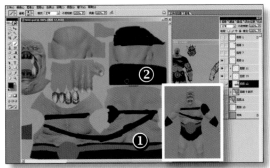

 6 将衣服所在的图层合并，然后释
放剪贴蒙版。

❶ 选择图层13，然后按 [Ctrl+E] 快捷键，将其
合并到图层12上。按住 [Alt] 键，当图层下
方出现两个圆环的标志时，单击图层12，释放
该剪贴板。

❷ 单击图层12左侧的[眼睛]标志，取消其显示，
则衣服的贴图都隐藏起来了。激活该标志，又
可以将该图层显示出来。

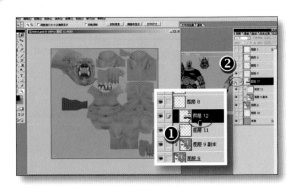

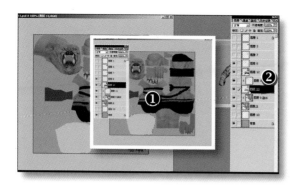

7 选择衣服下面的肌肉纹理。

❶ 按住Ctrl键，单击图层12左侧的缩览图，选择
衣服所在的区域，然后将皮带圆环的上面一部
分减选掉。

❷ 单击图层9副本，然后按［Ctrl+J］快捷键，
复制出衣服下面的肌肉并成为一个单独的图
层——图层13。

 为整个肌肉层创建一个剪贴蒙版。

❶ 创建图层13为剪贴蒙版，然后将其移动到图层
11的上方。

❷ 新建一个图层14，按住Alt键单击图层14，创
建图层14为剪贴蒙版，然后为其填充上前景
色，结果如左侧的画布上所示。

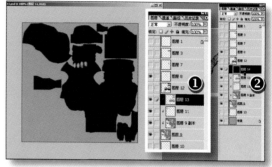

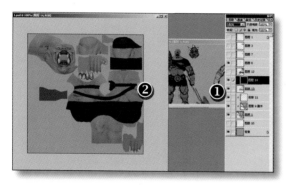

9 制作衣服上的肌肉效果。

❶ 释放图层13的剪贴蒙版，将图层12也隐藏起
来。

❷ 选择图层14，在图层面板中将图层的混合模式
设为［叠加］，将图层14叠加到图层13上，这
样衣服上面就有了肌肉的轮廓。

 调整出衣服的皮革效果。

❶ 单击图层13，调整衣服的色相与饱和度。

❷ 将图层14与图层13合并。

❸ 调整其明暗度，制作出衣服贴身的皮革效果。

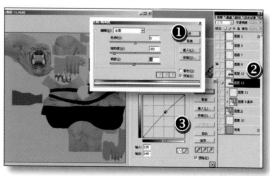

关键术语 5
什么是蒙版?

蒙版可以用来将图像的某部分分离出来,可保护图像的某部分不被编辑。当基于一个选区来创建蒙版时,没有选中的区域成为被蒙版蒙住的区域,也就是被保护的区域,可以防止被编辑或修改。利用蒙版,可以将花费很多时间创建的选取存储起来随时调用,另外,也可以将蒙版用于其他复杂的编辑工作,如对图像执行颜色变换或滤镜效果。

简单地说,蒙版是一个用来保护部分区域不受编辑影响的工具,蒙版所覆盖的区域不会被任何操作修改。听起来很像选区,实际上蒙版和选区的确可以互相转换,只不过蒙版的修改、变形比选区更加灵活和自由,是一个可视的区域,具有良好的可控性。

在 Adobe Photoshop 中,可以创建像快速蒙版这样的临时蒙版,也可以创建永久性的蒙版,如将存储为特殊的灰阶通道——Alpha 通道。Photoshop 也利用通道存储颜色信息和专色信息。和图层不同的是,通道不能打印,但是可以使用通道面板来查看和使用 Alpha 通道。

实用技巧 7
创建蒙版的方法

创建蒙版的方式比较多,大可依据自己的爱好、习惯或者不同的编辑状态选用自己的方式,常用的有:

1 用选区工具建立一个选区并存储,在对话框中设置相关参数,就可以创建一个蒙版。这种方法很正统,但不算方便。

2 新建一个 Alpha 通道并做相应的编辑,就得到一个蒙版,白色区域代表选区(这就是蒙版可以和选区互相转换的一个原因,如果你的 Alpha 通道中无白色区域,也算一个蒙版,只不过没有地方被蒙住而已)。

3 利用工具栏上的模式切换图标(或按 Q 键)可以在标准模式与快速蒙版间切换。

4 在图层面板下部有一个 [添加图层蒙版] 按钮,单击即可为当前图层创建一个蒙版(直接单击创建的蒙版为白色,按住 Alt 键单击产生的蒙版为黑色,如果记不清楚单击错了,按正确方式再单击或者在生成的蒙版上 [CTRL+I] 快捷键)。不过要注意的是,当前图层中存在选区与否直接影响所生成的外观。

5 使用 [选择] 菜单中的 [色彩范围] 命令,用吸管选择适当的颜色范围,也能生成一个蒙版。

6 另外一种生成蒙版的方式同样有些特殊。有没有用过 [粘贴入] 命令呢?如果没有的话可以试一下,最好先在图层上建一个选区,那印象会更深刻。

关键术语 6
什么是剪贴蒙版?

可以使用图层的内容来蒙盖它上面的图层。底部或基底图层的透明像素蒙盖其上方的图层的内容,这些图层是剪贴蒙版的一部分。基底图层的内容将在剪贴蒙版中裁剪(显示)它上方的图层的内容。

——图层的剪贴蒙版

可以在剪贴蒙版中使用多个图层,但它们必须是连续的图层。蒙版中的基底图层名称带下划线,上层图层的缩览图是缩进的。上层图层将显示一个剪贴蒙版图标 。

[图层样式] 对话框中的 [将剪贴图层混合成组] 选项可确定基底效果的混合模式是影响整个组还是只影响基底图层。

典型操作 1
创建剪贴蒙版

1　在[图层]面板中排列图层,以使带有蒙版的基底图层位于要盖的图层的下方。

2　执行下列操作之一:

◇　按住 Alt 键 (Windows) 或 Option 键 (Mac OS),将指针放在图层面板中分隔两个图层的线上 (指针将变为两个交叠的圆),然后单击即可。

◇　在图层面板中选择一个图层,然后选择 [图层]>[创建剪贴蒙版] 命令。

图层会自动为剪贴蒙版中的图层指定基底层图层的不透明度和模式属性。

典型操作 2
移去剪贴蒙版中的图层

移去剪贴蒙版中的图层可以使用以下两种方法:

1　按住 Alt 键 (Windows) 或 Option 键 (Mac OS),将指针放在图层面板中分隔两个图层的线上 (指针会变成两个交叠的圆),然后单击即可。

2　在图层面板中,选择剪贴蒙版中的一个图层,并选择 [图层] >[释放剪贴蒙版] 命令。将从剪贴蒙版中移去所选图层和它上面的任何图层。

典型操作 3
在剪贴蒙版中合并图层

在剪贴蒙版中合并图层,可执行以下操作:

1　隐藏任何不想合并的图层。

2　选择剪贴蒙版中的基底图层。

3　从[图层]菜单或图层面板菜单中选取[合并剪贴蒙版]命令。

实用技巧 8
快速蒙版的作用

快速蒙版与一般的 Alpha 通道有些不同。如果说 Alpha 通道可以存储和编辑,那么快速蒙版就只能编辑而不具备存储功能。使用快速蒙版,就像在使用一个看得见摸得着的临时通道,让你随意处理一个选区,但你无法保存它,一旦你取消了快速蒙版,那个通道就消失不见,仿佛从来也不曾存在。

打开快速蒙版编辑模式,同将选区存为一个通道再与图像同时预览的效果一致;取消快速蒙版编辑模式,同载入通道再把通道删除产生的结果一致。

当你想对选区稍微修改或预览,而使用普通方法又难以实现的时候,最好记得你还有这么一位助手。这些情况主要包括:

1　改变选区的羽化效果

2　预览一个羽化了的选区

3　对一个选区使用滤镜

4　创建一个使用了渐变工具的选区

5　试图精确的用一种带柔边的绘图工具改变选区

快速蒙版模式使你可以将任何选区作为蒙版进行编辑,而无需使用通道面板,在查看图像时也可如此。将选区作为蒙版来编辑的优点是几乎可以使用任何 Photoshop 工具或滤镜修改蒙版。例如,如果用选框工具创建了一个矩形选区,可以进入快速蒙版模式并使用画笔工具扩展或收缩选区,或者也可以使用滤镜扭曲选区边缘。也可以使用选区工具,因为快速蒙版不是选区。

从选中区域开始,使用快速蒙版模式在该区域中添加或减去以创建蒙版。另外,也可完全在快速蒙版模式中创建蒙版。受保护区域和未受保护区域以不同颜色进行区分。当离开快速蒙版模式时,未受保护区域成为选区。

当在快速蒙版模式中工作时，通道面板中出现一个临时快速蒙版通道。但是，所有的蒙版编辑是在图像窗口中完成的。

典型操作 4
创建临时蒙版以用做选区

1 使用任意选区工具，选择要更改的图像部分。

2 单击工具箱中的 [以快速蒙版模式编辑] 按钮 。

颜色叠加（类似于红片）覆盖并保护选区外的区域。选中的区域不受该蒙版的保护。 默认情况下，快速蒙版模式会用红色、50% 不透明的叠加为受保护区域着色。

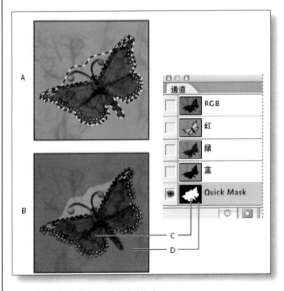

——在标准模式和快速蒙版模式下

A. 标准模式 B. 快速蒙版模式 C. 选中的像素在通道缩略图中显示为白色 D. 红色叠加保护选区外的区域，未选中的像素在通道缩略图中显示为黑色

3 要编辑蒙版，请从工具箱中选择绘画工具。 工具箱中的色板自动变成黑白色。

4 用白色绘制可在图像中选择更多的区域（颜色叠加会从用白色绘制的区域中移去）。 要取消选择区域，用黑色在它们上面绘制（颜色叠加会覆盖用黑色绘制的区域）。 用灰色或其他颜色绘画可创建半透明区域，这对羽化或消除锯齿效果有用。（当退出快速蒙版模式时，半透明区域可能不会显示为选定状态，但它们的确处于选定状态。）

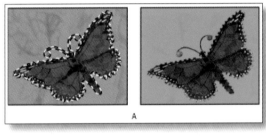

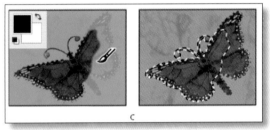

——在快速模式下绘制

A. 原来的选区和将绿色选为蒙版颜色的快速蒙版模式

B. 在快速蒙版模式下用白色绘制可添加选区

C. 在快速蒙版模式下用黑色绘制可从选区中减去

5　单击工具箱中的［以标准模式编辑］按钮 ，关闭快速蒙版并返回到原图像。 此时，选区边界包围快速蒙版的未保护区域。如果羽化的蒙版被转换为选区，则边界线正好位于蒙版渐变的黑白像素之间。 选区边界指明选定程度小于 50% 和大于 50% 的像素之间的过渡。

6　将所需更改应用到图像中。更改只影响选中区域。

7　选择［选择］>［取消选择］命令来取消选择选区。

提示：通过切换到标准模式并选择［选择］>［存储选区］命令，可以将临时蒙版转换为永久性 Alpha 通道。

实用技巧 9
快速蒙版与选择区域

快速蒙版可以说是选择区域的另外一种表现形式。选择区域在图像中是以虚线框来表示的，在图像中任意制作一个选区，然后单击工具箱中的［以快速蒙版模式编辑］按钮 ，便可以将图像的编辑状态转为快速蒙版的编辑状态，此时图像的名称栏中会显示出"快速蒙版"的字样。

在快速蒙版的状态下，原先选择区域的虚线框不见了，而选中的部分与未被选中的部分会由一种"遮罩"的方式区分开来：选取以内的部分维持原样不变，选取以外的部分则被一种半透明的红色"膜"所遮盖住，这就是 Photoshop 所定义的蒙版形式。这种形式下，只能使用黑、白、灰系列的颜色在图像中进行操作，可以使用各种绘图工具来修改蒙版的形状，也就是将"遮罩"扩大、缩小或改变其透明度。

再次单击工具箱中的［以标准模式编辑］按钮 ，又可以将图像切换为标准编辑状态。此时，Photoshop 又会恢复以闪动虚线框表示选择区域的方式，又可以在图像中绘制出各种不同颜色的色彩变化了。但同时，选择区域的形状也会根据快速蒙版中遮罩的变化而产生相应的改变。

说明：如果没有选择区域时，图像的快速蒙版编辑状态与标准编辑状态看起来没有任何区别，但操作时就会发现无法对图像进行正常的修改：快速蒙版状态下对遮罩所做的任何修改都只能影响选择区域的形状，而不能对图像产生任何变化。如果遇

到这种问题，可先查看一下当前的操作状态，如果是快速蒙版状态，在图像标题栏中会有显示，如下图所示。

—— 标题栏中会出现"快速蒙版"字样

小结

本章中主要是对躯干纹理细节的添加，主要在于对衣服纹理的绘制。绘制出衣服的纹理后可以方便对整体纹理细节的调整。对衣服皮革效果的制作在本章中有详细的介绍。另外，还详细介绍了图层中剪贴蒙版等相关知识的运用。

读书笔记：

疑难问题：

Chapter

05

绘制怪兽的
配饰纹理

01

怪兽配饰纹理
的制作流程

Before

After

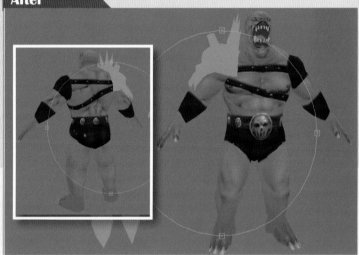

Artistic Work

PSD\St015.psd

项目文件 ｜ DVD5\Example\ 怪兽纹理
范例文件 ｜ PSD\St012.psd
视频教程 ｜ DVD2\16 绘制服饰纹理 .avi   时间长度 ｜ 01:03:03

Flowchart

 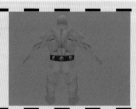  

调整衣服的大致纹理，使衣服的松紧与身体肌肉轮廓相匹配。在肌肉凹陷的地方衣服要显得宽松一些，在肌肉凸起的地方要制作出比较紧的服装效果，可以通过衣服带子的粗细或者高光阴影等效果来表现，然后绘制出腰牌上骷髅标志的大致纹理。

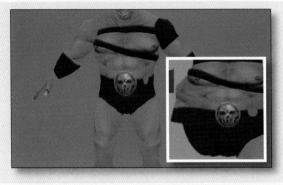

 使用［色相／饱和度］、［曲线］和［色彩平衡］等命令来添加骷髅标志上的高光等效果，增加细节来加强其金属质感。

绘制腰带上的配饰纹理。添加腰带上的小骷髅的纹理标志，这个可以采用复制的方法来实现。然后绘制出腰带上镶嵌的红宝石的纹理效果。

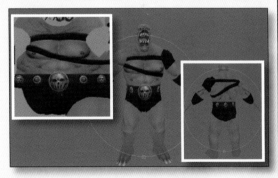

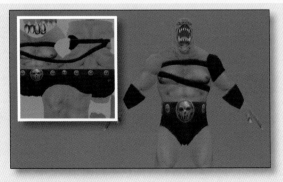 通过阴影的调节，添加裤子上的褶皱效果，以及臀部的高光效果，增强衣服的质感。

5 刻画背部的纹理细节。绘制背部肌肉阴影以及高光效果，确定肌肉结构，制作出比较夸张的肌肉效果，使角色看上去特别强壮。

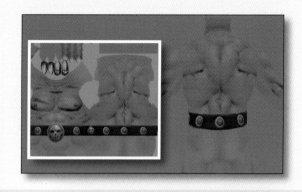

6 绘制胸部和背部的服饰纹理。胸部和背部的服饰实际上由两条皮带组成，绘制这部分纹理要制作出皮带上的金属扣的效果。这样会显得这个皮带非常结实。

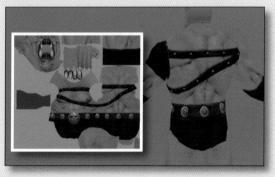

7 添加裤子上的纹理细节，添加衣服的褶皱效果，制作出衣服接缝处的针线孔，以及衣服因长期磨损而形成的破洞。

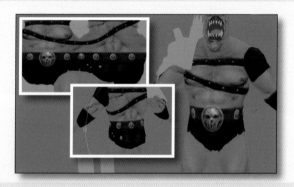

8 修改裤子的纹理结构，然后在衣服比较宽松的地方，添加一些阴影效果，并添加臀部服饰的纹理细节。

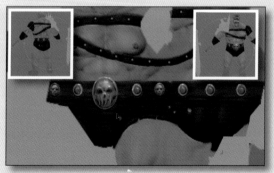

[Section]

02

如何绘制骷髅标志纹理

使用工具

1. [曲线]命令
2. [色彩平衡]命令
3. [色相/饱和度]命令

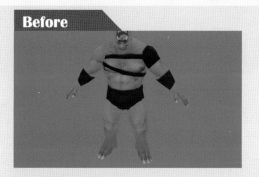

Before

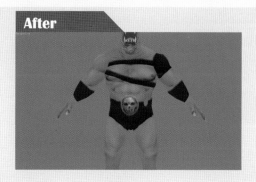

After

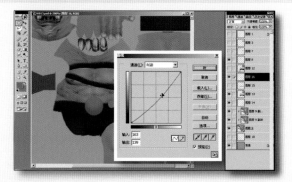

1 使用椭圆选框工具在腰带中间绘制出腰牌的轮廓，并调整其颜色，然后使用［曲线］命令调整其明暗度，增加腰牌的体积感。

2 使用套索工具选择腰牌中间的部分区域，将其［羽化半径］设为3，然后使用［曲线］命令调整其亮度，制作出腰牌的体积效果。

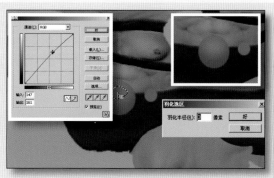

使用减淡工具绘制出腰牌的边缘轮廓，然后通过［色相/饱和度］命令、［色彩平衡］命令、［曲线］命令和涂抹工具等绘制出腰牌边缘的阴影效果以及中间凸起部分的高光效果，并调整其高光颜色为暖色调。

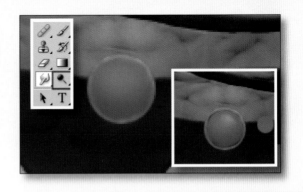

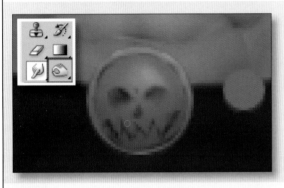

 在整个腰牌外侧添加阴影效果，增强腰牌的厚度感，然后使用加深工具绘制出腰牌上骷髅图案的大致轮廓。

 使用［色相/饱和度］命令和［色彩平衡］命令，调整出骷髅标志的结构效果。

 添加骷髅标志的纹理细节。通过加强阴影和高光效果来增强其结构层次，并通过明暗的调整增强骷髅的金属质感。

[Section] 03

如何绘制皮带装饰纹理

使用工具
1. [色相/饱和度]命令
2. [色彩平衡]命令
3. 自由变换工具

Before

After

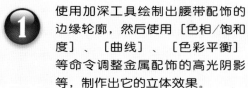

1 使用加深工具绘制出腰带配饰的边缘轮廓，然后使用〔色相/饱和度〕、〔曲线〕、〔色彩平衡〕等命令调整金属配饰的高光阴影等，制作出它的立体效果。

2 使用与上步相同的方法，刻画腰带上金属配饰的纹理细节，通过高光阴影效果的调整，增强其金属质感。

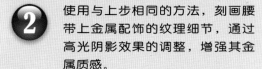

3 选择腰牌上的骷髅标志，将其进行复制，然后使用［Ctrl+T］快捷键打开自由变换工具，缩小骷髅标志，使其与腰带上小的金属配饰大小相同，并将其放置到合适的位置。

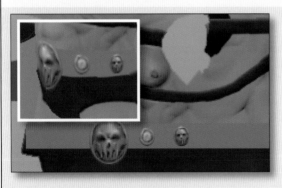

4 在小的骷髅标志上添加一些小的高光和阴影效果，如眼睛内部要加深其阴影效果，加强轮廓边缘的高光，增强其金属光泽和轮廓感。

5 选择金属配饰的中间区域，使用［色相／饱和度］和［色彩平衡］命令将所选区域调整成红宝石的颜色，然后将调整好的配饰复制到皮带的其他位置。

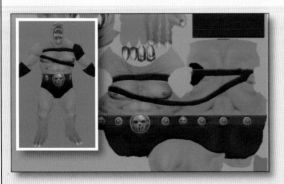

6 选择皮带区域，填充与裤子同样的颜色，然后调整其明暗度，并添加皮带上的褶皱、高光等效果，使整体效果更加真实。

[Section]

04

如何添加背部的纹理细节

使用工具

1. 套索工具
2. [色彩平衡]命令
3. [色相/饱和度]命令

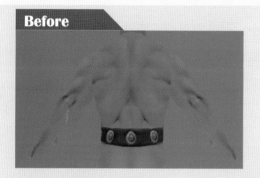

Before

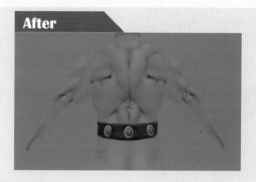

After

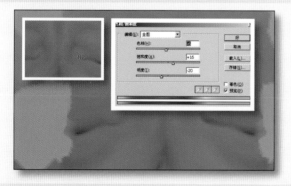

1 选择肩胛骨肌肉边界处的纹理，使用〔色相/饱和度〕命令加深其阴影效果，然后使用涂抹工具涂抹出一定轮廓，增强其结构效果。

2 使用与上步相同的方法，继续添加肩胛骨下方的结构阴影，使肌肉轮廓更加鲜明。

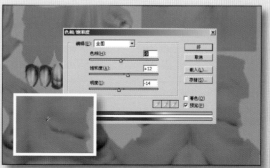

3 使用相同的方法，调整背部肌肉的高光及阴影结构，添加肌肉结构细节。

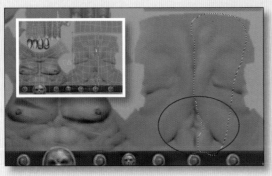

4 绘制背部下方的肌肉纹理，添加肌肉的走向纹理，加深肌肉轮廓。然后使用自由变换工具，将右侧绘制好的肌肉纹理对称复制到左侧。

5 调整腰部肌肉的结构，增加左侧肌肉纹理细节，突出肌肉的节奏感。然后将左侧绘制好的纹理再对称复制到背部的右侧。

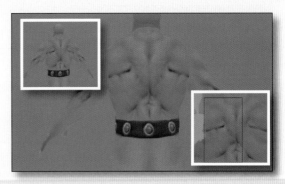

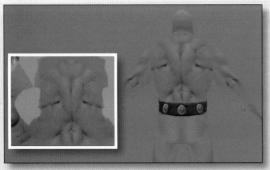

6 整体调整背部肌肉的明暗效果，提高肌肉的亮度，增加肩部肌肉的结构效果。

[Section]

05

如何绘制衣服上的针缝纹理

Before

After

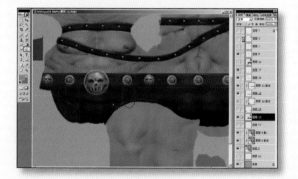

1 使用加深工具，依照身体的结构，绘制针线接缝的位置。

2 在衣服的接缝处制作一点缺口的效果，然后使用〔色相/饱和度〕命令为其添加一定的阴影效果。

3 选择接缝两侧的部分区域，使用
〔色相/饱和度〕命令加深所选区
域的颜色，将其作为针缝的阴影。

4 在针缝阴影的周围添加一点小的
高光效果，增强其结构层次感，
然后在旁边制作一个凹陷的纹理
效果。

5 使用相同的方法制作另一侧的针
缝效果；然后在针缝周围绘制出
一些小的褶皱效果，使其显得更
加真实细致。

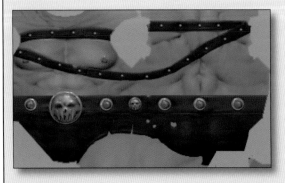

6 添加衣服上的破损细节和其他位
置的针缝纹理，然后对整体进行
明暗效果的调整，进一步完善服
饰的效果。

[Section]

06

如何调整
颜色和色调

Before

After

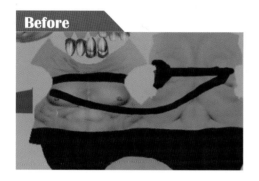

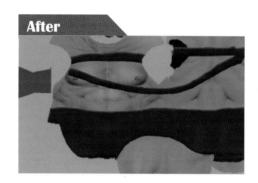

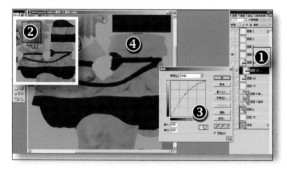

使用［曲线］对话框调整色调。

❶ 按住Ctrl键，单击图层13左侧的缩览图。

❷ 衣服所在区域呈被选中状态。

❸ 按［Ctrl+M］快捷键打开［曲线］对话框，然后调整曲线状态。

❹ 所选区域整体变亮了。

实用技巧 10
有关颜色调整的命令

在 Photoshop 中调整颜色，可以选择以下色彩调整命令：

1 ［自动颜色］命令：快速校正图像中的色彩平衡。虽然从名称上看，它的意思是自动调整，但还是可以微调［自动颜色］命令的执行方式。

2 ［色阶］命令：通过为单个颜色通道设置像素分布来调整色彩平衡。

3 ［曲线］命令：对于单个通道，为高光、中间调和阴影等 14 个控制点进行调整。

4 ［照片滤镜］命令：通过模拟在相机镜头前安装 Kodak Wratten 或 Fuji 滤镜时所达到的摄影效果来调整颜色。

5 ［色彩平衡］命令：更改图像中所有的颜色混合。

6 ［色相 / 饱和度］命令：调整整个图像或单个颜色分量的色相、饱和度和亮度值。

7 [匹配颜色]命令：将一张照片中的颜色与另一张照片相匹配，将一个图层中的颜色与另一个图层相匹配，将一个图像中选区的颜色与同一图像或不同图像中的另一个选区相匹配。该命令还调整亮度和颜色范围并中和图像中的色痕。

8 [替换颜色]命令：将图像中的指定颜色替换为新颜色值。

9 [可选颜色]命令：调整单个颜色分量的印刷色数量。

10 [通道混合器]命令：修改颜色通道并进行其他颜色调整工具不易实现的色彩调整。

界面详解 4
[曲线]对话框

与[色阶]对话框一样，[曲线]对话框也允许调整个图像的色调范围。但与只有3个调整功能（白场、黑场、灰场）的[色阶]命令不同，[曲线]命令允许在整个图像的色调范围（从阴影到高光）内最多调整 14 个不同的点。也可以使用[曲线]命令对图像中的个别颜色通道进行精确的调整。还可以存储在[曲线]对话框中所做的设置，以供在另一个图像中使用。

A. 高光 B. 中间调 C. 阴影 D. 通过添加点来调整曲线

E. 使用铅笔绘制曲线 F. 设置黑场 G. 设置灰场

H. 设置白场

当[曲线]对话框打开时，色调范围将呈现为一条直的对角线。图表的水平轴表示像素（"输入"色阶）原来的强度值；垂直轴表示新的颜色值（"输出"色阶）。

默认情况下，"曲线"对于 RGB 图像显示强度值（从 0 到 255，黑色（0）位于左下角）。默认情况下，"曲线"对于 CMYK 图像显示百分比（从 0 到 100，高光（0%）位于左下角）。要反向显示强度值和百分比，请单击曲线下方的双箭头。反相之后，0 将位于右下角（对于 RGB 图像）；0% 将位于右下角（对于 CMYK 图像）。

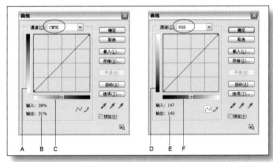

——CMYK 和 RGB 图像的默认[曲线]对话框

A. CMYK 色调输出栏的默认方向

B. CMYK 的输入值和输出值（以百分比表示）

C. CMYK 色调输入栏的默认方向

D. RGB 色调输出栏的默认方向

E. RGB 的输入值和输出值（以强度色阶表示）

F. RGB 色调输入栏的默认方向

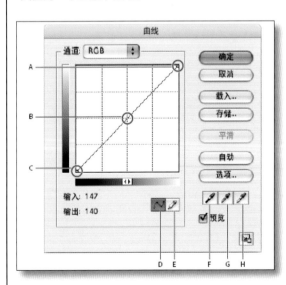

——[曲线]对话框

◇ 要使对话框中的网格更细，请按住 Alt 键（Windows）或 Option 键（Mac OS），然后单击网格。 再次按住 Alt 键（Windows）或 Option 键（Mac OS），然后单击可以使网格变大。

◇ 要使［曲线］对话框变大或变小，请单击右下角的图标。

单击［自动］按钮会应用"自动颜色"、"自动对比度"或"自动色阶"校正，具体情况取决于［自动颜色校正选项］对话框中的设置。其中有关于为"自动颜色"、"自动对比度"或"自动色阶"指定设置的更多信息。

 实用技巧 11
用曲线调整颜色时可用的快捷键

以下快捷键和［曲线］对话框一起使用：

1 在图像中按住 Ctrl 键（Windows）或 Command 键（Mac OS）并单击，可以设置［曲线］对话框中指定的当前通道中曲线上的点。

2 在图像中按住 [Shift+Ctrl] 组合键（Windows）或 [Shift+Command] 组合键（Mac OS）并单击，可以在每个颜色成分通道中（但不是在复合通道中）设置所选颜色曲线上的点。

3 按住 Shift 键并单击曲线上的点可以选择多个点。 所选的点以黑色填充。

4 在网格中单击，或按 [Ctrl+D] 快捷键（Windows）或 [Command+D] 快捷键（Mac OS），可以取消选择曲线上的所有点。

5 按方向键可移动曲线上所选的点。

6 按 [Ctrl+Tab] 快捷键（Windows）或 [Control+Tab] 快捷键（Mac OS）可以在曲线上的控制点间向前进行切换。

7 按 [Shift+Ctrl+Tab] 快捷键（Windows）或 [Shift+Control+Tab] 快捷键（Mac OS）可以在曲线上的控制点间向后进行切换。

 实用技巧 12
使用［色彩平衡］命令矫正颜色

对于普通的色彩校正，［色彩平衡］命令可更改图像的总体颜色混合。

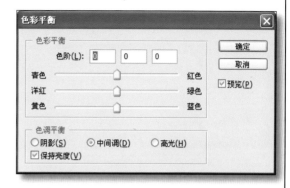

——［色彩平衡］对话框

1 确保在通道面板中选择了复合通道，只有在查看复合通道时，此命令才可用。

2 执行下列操作之一：

◇ 选择［图像］>［调整］>［色彩平衡］命令。

◇ 选择［图层］>［新建调整图层］>［色彩平衡］命令。 在［新建图层］对话框中单击［确定］按钮。

3 选择［阴影］、［中间调］或［高光］选项，以便选择要着重更改的色调范围。

4 （可选）选择［保持亮度］复选项以防止图像的亮度值随颜色的更改而改变。 该选项可以保持图像的色调平衡。

5 将滑块拖向要在图像中增加的颜色；或将滑块拖离要在图像中减少的颜色。

颜色条上方的值显示红色、绿色和蓝色通道的颜色变化（对于 Lab 图像，这些值代表 a 和 b 通道）。 值的范围可以从 −100 到 +100。

界面详解 5
[色阶] 对话框

[色阶] 对话框允许通过调整图像的阴影、中间调和高光的强度级别，从而校正图像的色调范围和色彩平衡。直方图用做调整图像基本色调的直观参考。

可以存储在 [色阶] 对话框中所做的设置，以供在另一个图像中使用。

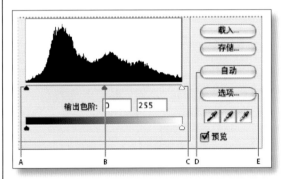

——[色阶] 对话框

A. 阴影 B. 中间调 C. 高光 D. 应用自动颜色校正

E. 打开 [自动颜色校正选项] 对话框

实用技巧 13
使用色阶设置高光、阴影和中间调

使用色阶设置高光、阴影和中间调的原理：

[输入色阶] 两侧的滑块将黑场和白场映射到 [输出色阶] 滑块上。

默认情况下，[输出色阶] 滑块位于色阶 0（像素为全黑）和色阶 255（像素为全白）处。 因此，如果移动黑色输入滑块，则会将像素值映射为色阶 0，而移动白场滑块则会将像素值映射为色阶 255。 其余的色阶将在色阶 0 和 255 之间重新分布。 这种重新分布情况将会增大图像的色调范围，实际上增强了图像的整体对比度。

提示：如果剪贴了阴影，则像素为全黑，没有细节。 如果剪贴了高光，则像素为全白，没有细节。中间调输入滑块用于调整图像中的灰度系数。 它会移动中间调（色阶 128），并更改灰色调中间范围的强度值，但不会明显改变高光和阴影。

实用技巧 14
用曲线调整颜色和色调

在 [曲线] 对话框中更改曲线的形状可改变图像的色调和颜色。 将曲线向上或向下弯曲将会使图像变亮或变暗，具体情况取决于对话框是设置为显示色阶还是百分比。 曲线上比较陡直的部分代表图像对比度较高的部分。 相反，曲线上比较平缓的部分代表对比度较低的区域。

如果将 [曲线] 对话框设置为显示色阶而不是百分比，则会在图形的右上角呈现高光。 移动曲线顶部的点将主要调整高光；移动曲线中心的点将主要调整中间调；而移动曲线底部的点则主要调整阴影。将点向下或向右移动会将输入值映射到较小的输出值，并会使图像变暗。相反，将点向上或向左移动会将较小的输入值映射到较大的输出值，并会使图像变亮。 因此，如果希望使阴影变亮，可向上移动靠近曲线底部的点。 并且，如果要使高光变暗，可向下移动靠近曲线顶部的点。

典型操作 5
使用 [曲线] 命令调整颜色和色调

用曲线调整颜色和色调，可采用以下方法：

1 执行下列操作之一：

◇ 选择 [图像]>[调整]>[曲线] 命令。

◇ 选择 [图层]>[新建调整图层]>[曲线] 命令。 在"新建图层"对话框中单击"确定"按钮。

2 （可选）要调整图像的色彩平衡，从 [通道] 菜单中选取要调整的一个或多个通道。

若要同时编辑一组颜色通道，请在选取 [曲线] 命令之前，按住 Shift 键在通道面板中选择通道。

这时，在［通道］菜单中会显示目标通道的缩写。例如，CM 表示青色和洋红。该菜单还包含所选组合的个别通道。切记，此方法不适用于［曲线］调整图层。

3　通过执行以下操作之一，在曲线上添加点：

◇　直接在曲线上单击。

◇　（仅限 RGB 图像）按住 Ctrl 键单击（Windows）或按住 Command 键单击（Mac OS）图像中的像素。

当要保留或调整图像中的特定细节时，添加点的最好方法是按住 Ctrl/Command 键单击图像中的像素。

最多可以向曲线中添加 14 个控制点。要删除一个控制点，请将其拖出曲线框、选中后按 Delete 键，或者按住 Ctrl 键（Windows）或 Command 键（Mac OS）并单击该控制点。不能删除曲线的端点。

——按住 Ctrl/Command 键单击图像的 3 个区域，给曲线添加点。使高光变亮以及使阴影变暗由 S 曲线表示，此时图像的对比度增强

提示：要确定 RGB 图像中最亮和最暗的区域，可以通过打开［曲线］对话框，使用鼠标单击图片的相关位置，该位置上颜色的强度值会显示在［曲线］对话框中的［输入］和［输出］值上，并在曲线上显示它的位置，同时还会在颜色面板中显示 RGB 的值。

4　通过执行下列操作之一来调整曲线的形状：

◇　单击某个点并拖动曲线，直至图像符合要求。

◇　单击曲线上的某个点，然后在［输入］和［输出］文本框中输入值。

◇　选择［曲线］对话框中的铅笔，然后拖动以绘制新曲线。可以按住 Shift 键将曲线约束为直线，然后单击以定义端点。完成后，如果想使曲线平滑，请单击"平滑"按钮。

曲线上的点保持锚定状态，直到移动它们。因此，可以在不影响其他区域的情况下在某个色调区域中进行调整。

典型操作 6
使用色阶调整色调范围

使用色阶调整色调范围，可采用以下方法：

1　执行下列操作之一：

◇　选择［图像］>［调整］>［色阶］命令。

◇　选择［图层］>［新建调整图层］>［色阶］命令。在［新建图层］对话框中单击"确定"按钮。

2　若要调整特定颜色通道的色调，从［通道］菜单中选择相应选项。

若要同时编辑一组颜色通道，请在选择［色阶］命令之前，按住 Shift 键在通道面板中选择这些通道。这时，在"通道"菜单中会显示目标通道的缩写。例如，CM 表示青色和洋红。该菜单还包含所选组合的个别通道。

必须分别编辑专色通道和 Alpha 通道。切记，此方法对于［色阶］调整图层不适用。

3　要手动调整阴影和高光，请将黑色和白色［输入色阶］滑块拖动到直方图的任意一端的第一组像素的边缘。

例如，如果将黑场滑块移到右边的色阶 5 处，则 Photoshop 会将位于或低于色阶 5 的所有像素都映射到色阶 0。 同样，如果将白场滑块移到左边的色阶 243 处，则 Photoshop 会将位于或高于色阶 243 的所有像素都映射到色阶 255。这种映射将影响每个通道中最暗和最亮的像素。其他通道中的相应像素按比例调整以避免改变色彩平衡。

提示: 可以直接在第一个和第三个 [输入色阶] 文本框中输入值。

——使用 [输入色阶] 滑块调整黑场和白场

4　要调整中间调，可使用中间的 [输入色阶] 滑块来调整灰度系数。

向左移动中间的 [输入色阶] 滑块可使整个图像变亮。 此滑块将较低（较暗）色阶向上映射到 [输出色阶] 滑块之间的中点色阶。 如果 [输出色阶] 滑块处在它们的默认位置（0 和 255），则中点色阶为 128。 在此示例中，阴影将扩大以填充从 0 到 128 的色调范围，而高光则会被压缩。将中间的 [输入色阶] 滑块向右移动会产生相反的效果，使图像变暗。

提示 : 也可以直接在中间的 [输入色阶] 文本框中输入灰度系数调整值。

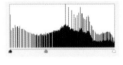

——移动中间的滑块会调整图像的灰度系数

5　单击 [确定] 按钮。可以在直方图面板中查看经过调整的直方图。

 实用技巧 15
常用的色调调整方法

设置图像的色调范围，可以采用以下几种方法：

1　在 [色阶] 对话框中沿直方图拖动滑块。

2　在 [曲线] 对话框中调整曲线的形状。

3　使用 [色阶] 或 [曲线] 对话框为高光和阴影像素指定目标值。

4　使用 [阴影 / 高光] 命令调整阴影和高光区域中的色调。

小结

本章中添加的配饰纹理，包括腰带上的骷髅腰牌的纹理、腰带上红宝石的纹理以及衣服上的金属扣、针缝等纹理。还包括对背部等肌肉细节纹理的添加。贴图纹理细节主要在于阴影和高光、色调等的调整，通过这些变化绘制出不同材质的效果，在本章中也详细介绍了有关色调等的调整方法。

Chapter

06

添加腿部和手部的纹理细节

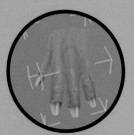

怪兽腿部和手部
纹理细节的制作流程

Before

After

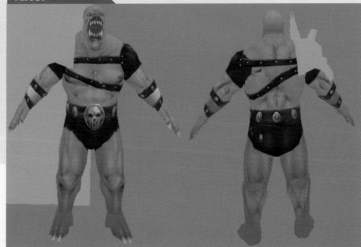

Artistic Work

PSD\St020.psd

项目文件 ｜ DVD5\Example\ 怪兽纹理
范例文件 ｜ PSD\St015.psd
视频教程 ｜ DVD3\19 丰富腿部纹理细节 .avi　　时间长度 ｜ 00:57:23

Flowchart

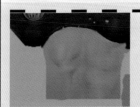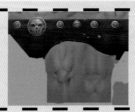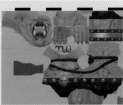

通过对阴影和明暗关系的调整，绘制出大腿正面的肌肉轮廓，并调整大腿肌肉的结构位置，使其在角色模型上的分布更加合理。

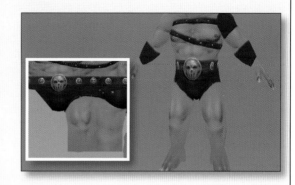

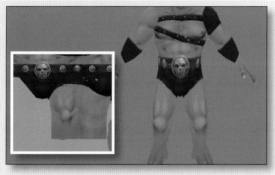

 使用［色相／饱和度］、［色彩平衡］、［曲线］等命令制作出膝盖的大致纹理和膝关节的轮廓。

 调整膝盖的纹理效果，然后绘制出腿部后面的肌肉结构，确定出腿部后侧肌肉的大致结构，并使用［曲线］命令调整整个腿部的色调和明暗度，使其与整个身体的色调和谐一致。

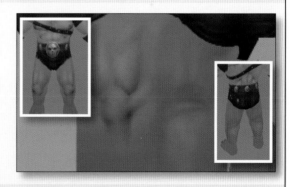

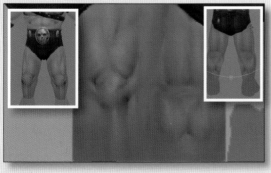

刻画腿部的肌肉细节。添加腿部肌肉的高光和阴影效果，增强肌肉的轮廓结构，制作出小腿骨骼高光的结构效果，使腿部看起来更加强壮结实。

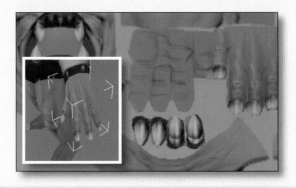

5 首先在Photoshop中调整好手掌和手背的贴图位置，这样是为了方便绘制贴图，然后使用加深工具绘制出手掌的大致纹理。并在3ds Max软件中调整角色的UV分布，以便得到正确的贴图效果。

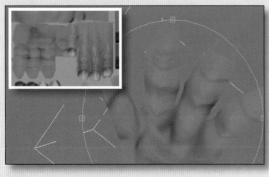

6 添加手掌的纹理效果，绘制手掌上的纹理线，然后在3ds Max软件中将手单独显示出来，查看贴图效果。

7 修改指甲的纹理贴图，将原来牙齿的贴图略加修改作为指甲的纹理贴图，然后在手背上添加血管的纹理效果。

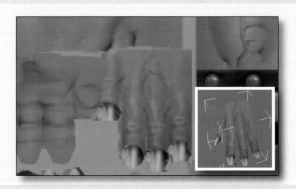

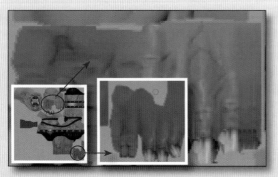

8 刻画手部的纹理细节，制作出手背上毛细血管的纹理，然后根据贴图调整UV结构；将手掌的纹理复制一部分，对其进行编辑后作为脚掌的纹理。

[Section]

02

如何添加膝盖处的纹理细节

使用工具

1. [色相/饱和度]命令
2. [色彩平衡]命令
3. 套索工具

Before

After

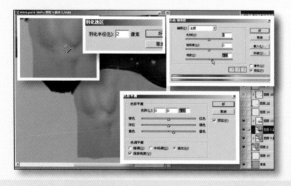

 使用套索工具选择膝盖处的区域，将其[羽化半径]设为2，然后通过［色相／饱和度］和［色彩平衡］对话框调整其明度和颜色，制作出膝盖上的高光效果。

 使用与上步相同的方法，添加膝盖骨下方的阴影效果，增强膝盖骨的体积感。

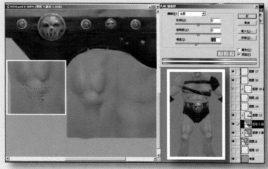

3 加强膝盖下方的阴影效果，增强膝盖骨的体积感；然后选择膝盖凸起的部分，使用［色彩平衡］对话框，将膝盖的颜色调整为偏青的颜色。

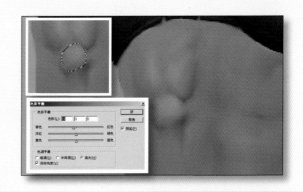

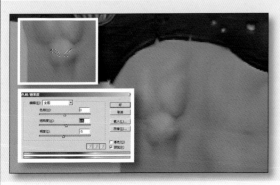

4 通过在膝盖骨两侧添加阴影，制作出膝关节的结构效果，增加细节，使腿部看起来更加真实。

5 添加膝盖骨两侧的高光效果，突出关节结构，然后使用涂抹工具将膝盖处的纹理涂抹的更加均匀，使明暗过渡更加自然。

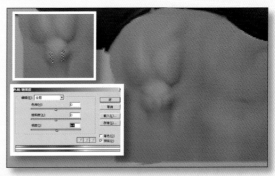

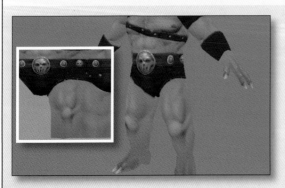

6 继续添加膝盖周围的高光和阴影细节，完成后切换到3ds Max软件中查看贴图效果。

[Section]

03

如何添加腿部后侧的肌肉纹理

使用工具

1. 加深工具
2. 涂抹工具
3. [色相/饱和度]命令

Before

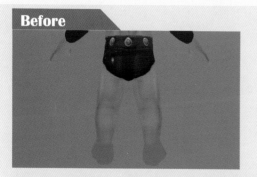

After

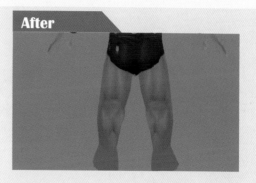

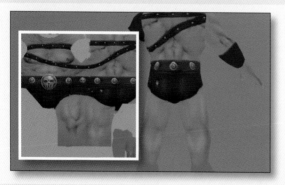

 使用［色相/饱和度］、［色彩平衡］对话框，调整腿部后侧肌肉的阴影和高光效果，绘制肌肉的大致轮廓结构。

 选择下身的所有皮肤区域，使用［色彩平衡］和［曲线］命令调整其颜色，使其与整个身体的颜色相一致。

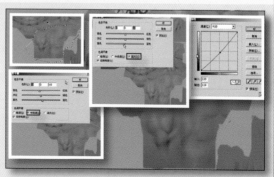

3 使用［曲线］命令调整小腿部分纹理的明暗度，使腿部产生一个明暗过渡，然后使用相同的方法将脚部的纹理也调暗。

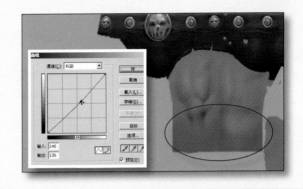

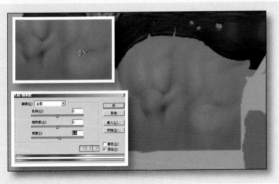

4 选择膝关节后侧的小块肌肉纹理，使用［色相／饱和度］对话框提高其亮度。

5 绘制出膝关节后侧的肌肉褶皱的纹理，确定大腿和小腿之间的分界线，使用涂抹工具将分界处纹理涂抹的更加柔和自然，基本确定出腿部后侧的肌肉结构。

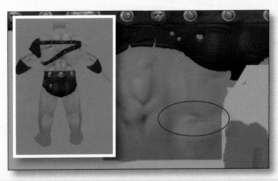

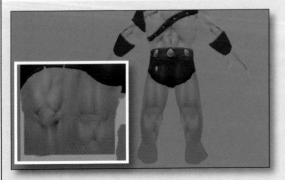

6 调整腿部后侧的整体明暗度，刻画腿部的肌肉细节，增加肌肉的纹理细节，使肌肉结构更加紧凑、轮廓更加鲜明。

[Section]
04
如何绘制怪兽手背上的血管纹理

使用工具
1. 套索工具
2. [色彩平衡]命令
3. [色相/饱和度]命令

Before

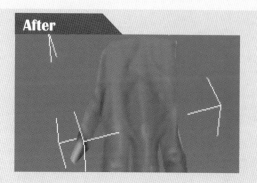
After

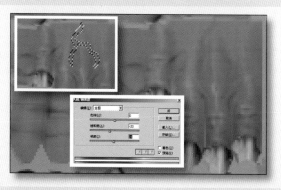

① 使用套索工具勾勒出血管的形状，并选择该区域，然后使用[色相/饱和度]对话框调整血管的颜色。

② 选择血管周围的区域，将所选区域的[羽化半径]设为1，然后使用[色相/饱和度]对话框将其调暗，突出血管的形状。

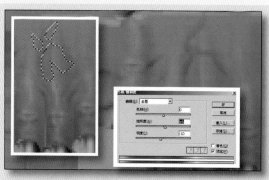

3 添加血管上的高光效果。选择要绘制高光的区域，使用［色相/饱和度］、［色彩平衡］对话框调整所选区域的色调与明暗度，绘制出血管上的高光效果。

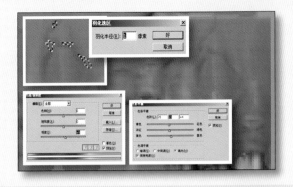

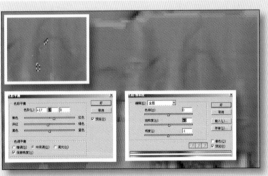

4 使用与上步相同的方法，在血管旁边添加一些暗红色的阴影效果，增加血管的纹理细节。

5 添加毛细血管的纹理效果。在手背上选择毛细血管的区域，使用两次［色彩平衡］命令来调整出毛细血管的颜色。

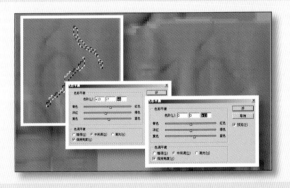

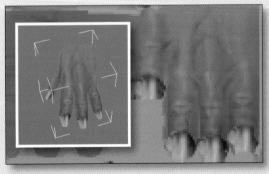

6 继续使用前面介绍的方法添加手背上的纹理细节，然后切换到3ds Max软件中查看贴图效果。

05 如何选择绘制区域

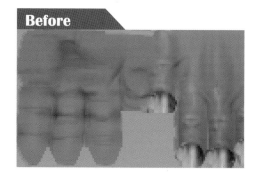

Before

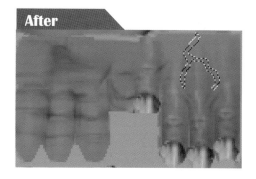

After

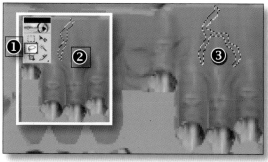

典型操作 7
使用多边形套索工具

多边形套索工具对于绘制选区边框的直边线段十分有用。

1 选择多边形套索工具，然后设置。

2 在图像中单击以设置起点。

3 执行下列操作：

选择血管所在的区域。

❶ 在工具栏中激活套索工具。

❷ 在图像中选择一部分血管区域。

❸ 按住键盘上Shift键，可以继续添加选区。

◇ 若要绘制直线段，请将指针放到第一条直线段结束的位置，然后单击。继续单击，设置后续线段的端点。

◇ 要以 45 度角线段的形式绘制直线，请在拖动时按住 Shift 键，然后单击线段的端点。

◇ 要手绘线段，请按住 Alt 键（Windows）或 Option 键（Mac OS），然后拖动。 完成后，松开 Alt 键或 Option 键以及鼠标按钮。

◇ 要抹除最近绘制的直线段，请按 Delete 键。

4 闭合选框：

◇ 将多边形套索工具的指针放在起点上（指针旁边会出现一个闭合的圆）并单击。如果指针不在起点上，请双击，或者按住 Ctrl 键单击 (Windows) 或按住 Command 键单击 (Mac OS)。

典型操作 8
使用套索工具

——套索工具的界面位置

套索工具在手绘选区边框方面，比较方便。

1　选择套索工具，然后设置选项。

2　拖动以绘制选区边框。

3　要绘制直边选区边框，可按住 Alt 键 (Windows) 或 Option 键 (Mac OS)，然后单击线段的起点和终点。可以在手绘线段和直边线段之间切换。

4　要抹除刚绘制的线段，按住 Delete 键直到抹除所需线段的紧固点。

5　要闭合选区边框，在未按住 Alt 键 (Windows) 或 Option 键 (Mac OS) 时，释放鼠标。

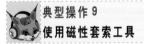
典型操作 9
使用磁性套索工具

当使用磁性套索工具时，边框会自动与图像中所定义区域的边缘对齐。磁性套索工具不可用于 32 位／通道图像。

磁性套索工具特别适用于快速选择与背景对比强烈且边缘复杂的对象。

1　选择磁性套索工具，然后（如有必要）在选项栏中设置选项。

2　在图像中单击，设置第一个紧固点。紧固点将选框固定住。

3　要手绘线段，松开鼠标按钮或按住鼠标按钮不放，然后沿着想要跟踪的边缘移动指针。刚绘制的选框线段保持为现用状态。当移动指针时，现用线段与图像中对比度最强烈的边缘（基于选项栏中的检测宽度设置）对齐。磁性套索工具定期将紧固点添加到选区边框上，以固定前面的线段。

4　如果边框没有与所需的边缘对齐，则单击一次以手动添加一个紧固点。继续跟踪边缘，并根据需要添加紧固点。

——紧固点将选区边框固定在边缘上

5　要临时切换到其他套索工具，执行下列任意操作：

◇ 要启动套索工具，按住 Alt 键 (Windows) 或 Option 键 (Mac OS) 并按住鼠标按钮进行拖动。

◇ 要启动多边形套索工具，按住 Alt 键 (Windows) 或 Option 键 (Mac OS)，然后单击。

6　要抹除刚绘制的线段和紧固点，按 Delete 键直到抹除所需线段的紧固点。

7　闭合选框：

◇ 要用手绘的磁性线段闭合边框，双击或按 Enter 或 Return 键。

◇ 要用直线段闭合边框，按住 Alt 键（Windows）或 Option 键（Mac OS）并双击。

◇ 若要闭合边框，拖动回起点并单击。

实用技巧 16
选区工具库

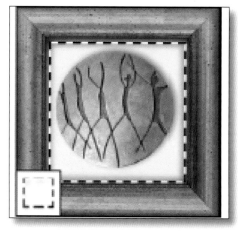

——选框工具可建立矩形、椭圆矩形、单行和单列选区

——移动工具可以移动选区、图层和参考线

——套索工具可建立手绘、多边形（直边）和磁性（紧贴）选区

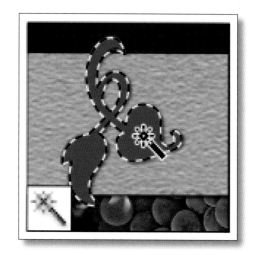

——魔棒工具可选择着色相近的区域

实用技巧 17
选择图像中的区域

1　使用魔棒工具选择背景。

如果对象在主要是一种颜色的背景上具有定义精确的形状，则可以使用魔棒工具选择背景。

选择魔棒工具，然后在背景中的任何位置单击。背景区域周围的选框指明背景现在处于可编辑状态。尝试在整个图像上使用画笔工具，以验证是否只有背景受到影响。

2　反向选择区域。

由于背景易于选择，因此，使选区反相是选择对象的最简单方式。　选择 [选择]>[反向] 命令。请注意，选区边框将变为对象的轮廓。

对于选择在背景上具有锐利轮廓的对象，此方法十分有用。　现在即可在对象上进行编辑，同时保持背景不被改动。　选择 [选择]>[取消选择] 命令以尝试另一种选择工具。

3　使用椭圆选框工具来选择细节。

选择椭圆选框工具，然后拖动以围绕对象中的细节绘制选区边框。　要在绘制时重新定位选区边框，请按住空格键并将选区边框移动到新位置。要在创建选区边框之后移动它，请单击边框内的任意位置并移动。

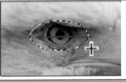

4　使用磁性套索工具来选择部分对象。

选择磁性套索工具，然后在照片中的一部分对象周围单击并拖动。　在拖动时，Photoshop 会将选区与对象的边缘"对齐"。

磁性套索工具对于建立自由选区特别适合，因为它会跟踪对象的边缘。在带有定义精确的边缘的区域上，它的效果最好。

在拖动时此工具会放置锚点（通过按 Delete 键可移去锚点）。　要闭合选区边框，单击起始锚点或双击。选取 [编辑]>[还原] 命令使选区返回到其原始位置。选取 [选择]>[取消选择] 命令以取消选择对象。

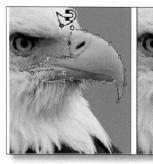

5　添加到选区。

选择选框工具，并粗略地选择照片中的对象。
建立选区之后，即可添加到选区边框，而不必从
头开始。选择磁性套索工具，然后在选项栏中单
击"添加到选区"按钮。 通过沿对象的外侧拖
动来细调选区(请注意工具指针下面的小加号)。
现在，选区边界包含了使用磁性套索工具选择的
区域。

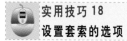 实用技巧 18
设置套索的选项

使用套索工具选项可以自定不同套索工具检测和
选择边缘的方式。

1　按需要选择工具。

2　在选项栏中指定某个选区选项。

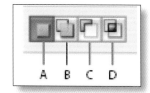

——选区选项

A. 新选区　B. 添加到选区　C. 从选区减去　D. 与选区交叉

3　指定羽化和消除锯齿选项。

4　对于磁性套索工具，设置以下选项中的任意项：

◇　宽度： 要指定检测宽度，请在 [宽度] 文
本框中输入像素值。磁性套索工具只检测从
指针开始指定距离以内的边缘。要更改套
索指针以使其指明套索检测宽度，按 Caps
Lock 键，在工具被选中但没有使用时更改
指针。

◇　对比度： 要指定套索对图像边缘的灵敏度，
请在 [对比度] 文本框中输入一个 1% 到
100% 之间的值。较高的数值只检测与它们的
环境对比鲜明的边缘 ； 较低的数值则检测低
对比度边缘。

◇　频率：若要指定套索以什么频度设置紧固
点，请在 [频率] 文本框中输入 0 到 100
之间的数值。 较高的数值会更快地固定选
区边框。在边缘精确定义的图像上，可以试
用更大的宽度和更高的对比度，然后大致地
跟踪边缘。在边缘较柔和的图像上，尝试使
用较小的宽度和较低的对比度，然后更精确
地跟踪边框。

◇　光笔压力：如果正在使用光笔绘图板，请选
择或取消选择"光笔压力"选项。选中该选
项时，增大光笔压力将导致边缘宽度减小。

提示 ：在创建选区时，按右方括号键( ])可将磁性套索边缘
宽度增大 1 像素 ；按左方括号键 ([ ) 可将宽度减小 1 像素。

小结

本章中主要是对手部和腿部纹
理进行细节刻画。添加腿部的
肌肉细节，绘制手背上血管的
纹理效果。在本章中还详细介
绍了在 Photoshop 中如何选择
选区的基本方法和技巧，这些
基本方法的掌握可以为细节纹
理的添加起到帮助作用。

读书笔记：

疑难问题：

Chapter

制作铠甲和武器的纹理

07

怪兽铠甲和武器
纹理的制作流程

Before

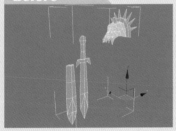

After

Artistic Work

PSD\St023.psd

项目文件 | DVD5\Example\ 怪兽纹理
范例文件 | PSD\St020.psd
视频教程 | DVD3\21 绘制肩部铠甲纹理 .avi   时间长度 | 01:01:33

Flowchart

 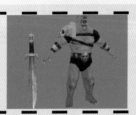  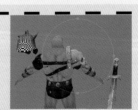

在原画上吸取肩盔的颜色填充到贴图上去，然后使用加深工具绘制出肩盔上骷髅标志的大致纹理，可以切换到3ds Max软件中查看效果。在绘制贴图的过程中还可以对模型中不完善的地方进行修改。

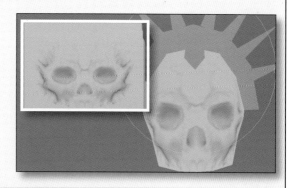

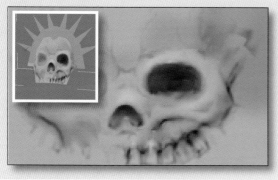

 绘制骷髅右侧脸上的结构纹理，包括眼眶、颧骨以及牙齿等主要结构的轮廓。

 将右侧的脸部纹理对称复制到左侧，然后添加高光、阴影、骨质上的裂缝以及颜色变化等细节，使整个骷髅的结构层次显得更加丰富。

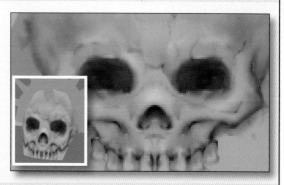

 绘制武器的纹理。首先确定剑身的基本结构分界，添加基本的颜色和高光效果，使其具有武器的基本形态。

绘制剑身上的破损和划痕等细节纹理，并添加缺口周围的高光效果，添加划痕的阴影和剑身上的锈迹纹理。

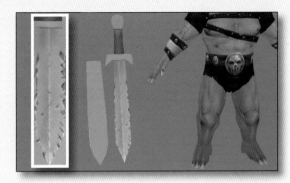

 添加剑柄上金属高光的纹理效果，通过添加剑柄上的高光阴影等效果，增强其金属质感。

 刻画武器的细节纹理。绘制剑首上的骷髅标志的纹理，并调整其高光效果，使其具有金属质感。绘制剑格的纹理，添加剑脊、剑刃、尖峰处的细节纹理，使剑看起来虽然久经沙场，有很多磨损但仍然锋利无比。

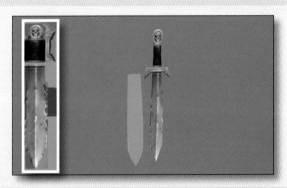

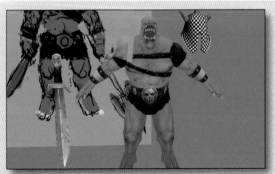

 根据绘制好的贴图对这个怪兽模型进行一下修改，使其与纹理贴图更加匹配。

绘制肩盔上金属部分的纹理。首先绘制出肩盔的基本结构分界，调整出基本的金属高光效果。

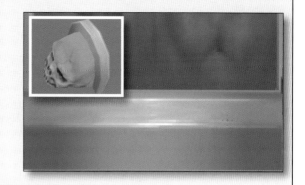

 添加肩盔上的金属钉的纹理效果，并调整出其高光、阴影等效果，添加肩盔上的锈迹纹理。

 绘制肩盔与头骨之间的连接装置的纹理，并在3ds Max软件中查看贴图效果，对角色模型进行适当调整，使角色模型与纹理很好的匹配。

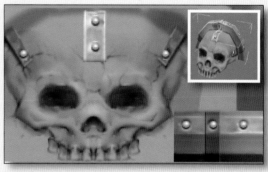

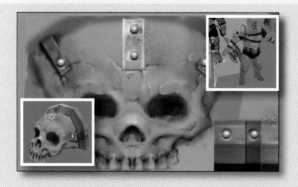

 刻画肩盔各个部分的纹理，添加头骨上的阴影和纹理细节，然后查看添加了盔甲和武器之后的模型效果。

02

如何绘制肩盔上的骷髅纹理

使用工具

1. 加深工具
2. [色彩平衡]命令
3. [色相/饱和度]命令

Before

After

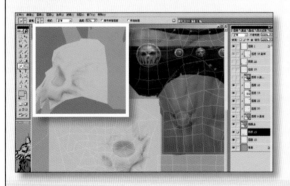

1 使用加深工具绘制出头骨上半边脸的大致轮廓，然后使用涂抹工具添加一些阴影效果，突出其结构层次。

2 使用矩形选框工具框选右侧已经绘制好的纹理，使用自由变换工具将其水平翻转到左侧，然后切换到3ds Max软件中查看整体贴图的纹理效果。

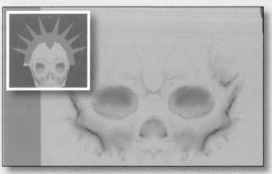

使用加深工具绘制牙齿部分的纹理，然后修改一下颧骨的纹理结构，使用涂抹工具对结构分界处进行涂抹操作，使轮廓变得柔和一些。

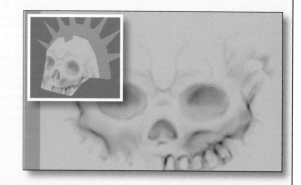

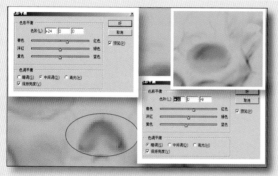

使用〔色彩平衡〕命令将眼眶和鼻子部分凹陷部分的颜色设置成偏红色，使其与正常骨头的颜色有一定的偏差。

选择眼眶中间的部分，使用〔色彩平衡〕和〔色相/饱和度〕命令制作阴影效果，然后使用涂抹工具对阴影进行涂抹产生一个深凹下去的空洞效果。

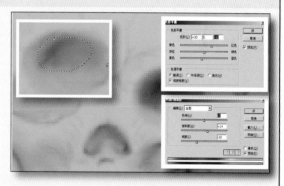

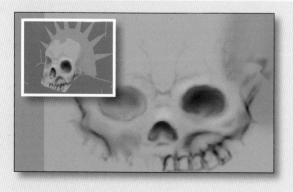

添加眼眶周围和鼻子上方的高光效果，加深牙齿之间的阴影效果；添加鬓角处的阴影，并在阴影中间添加一定的反光效果，然后在眼眶和鼻子的内侧添加一些过渡的阴影轮廓，使结构层次感更加明显。

7 绘制眼窝内部的纹理细节。在眼窝内部添加纹理细节时要注意颜色不能太暗，因为眼窝的范围比较大，而且不深，当阳光照过来的时候会有一定的反光效果使眼眶内部变亮。这样可以在里面多添加一些颜色和结构层次，使其显得不空洞。

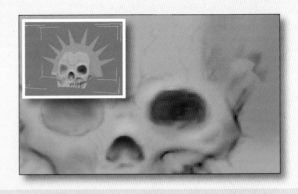

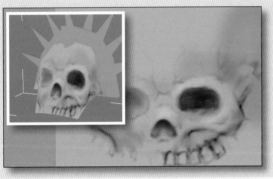

8 修改眼窝内部阴影的反射颜色，添加额头周围的阴影效果，丰富头骨的结构层次。

9 刻画牙齿的纹理。修改牙齿的颜色，并添加牙垢的纹理，调整好牙齿周围的高光效果，使骷髅的牙齿看起来比较恶心；在鼻子上添加一些纹理细节，然后将右侧绘制好的纹理复制到左侧，再观察贴图效果。

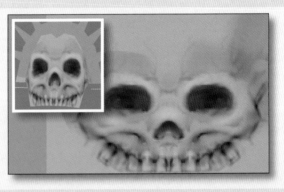

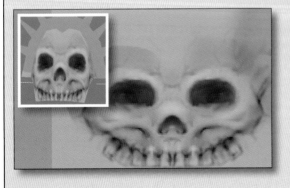

10 调整纹理细节。修改牙齿的结构，添加眼眶上方的纹理细节，在骨骼上面添加一些细小的骨质裂缝效果，使骨骼的纹理更加鲜明，还可以根据纹理贴图修改模型，使两者更加匹配。

03

如何绘制剑的纹理

使用工具

1. 减淡工具
2. [曲线]命令
3. [色相/饱和度]命令

Before

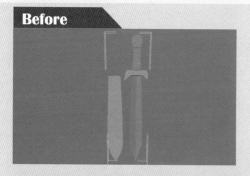

After

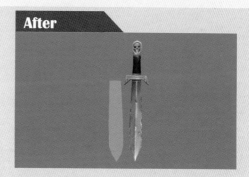

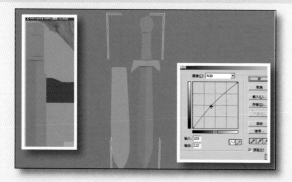

① 使用加深工具将剑身各部分的结构区分开，然后在图像中填充剑的颜色，并使用［曲线］命令将剑身一侧的颜色调暗，制作出剑的体积效果。

② 激活减淡工具绘制剑脊上的高光效果；使用［色彩平衡］命令将靠近剑柄的部分颜色调暗，然后更改剑柄的颜色并添加其中间部分的高光效果。

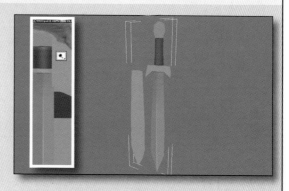

③ 使用减淡工具绘制剑锋和剑刃的高光，然后在剑身上面添加划痕和磨损效果的纹理。调整剑的整体颜色，使剑看上去更锋利。

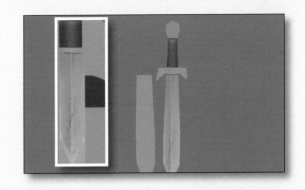

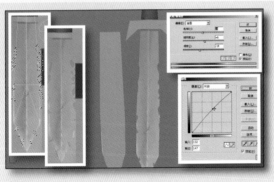

④ 继续添加剑刃上的破损效果，并制作出缺口处的体积感，使这把剑看上去是已经使用了很久的一把剑。

⑤ 刻画剑身的纹理细节。绘制剑刃上缺口的高光和阴影效果，增加缺口的体积感，绘制剑锋的高光以及剑脊两侧的阴影效果。

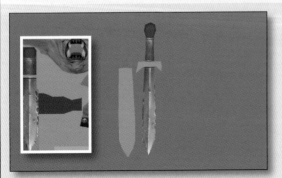

⑥ 修改剑的颜色，使剑带有一种古铜色，绘制剑柄和剑身的高光细节，增强其金属光泽，显得比较原始而且锋利。

绘制剑首纹理。在剑首上添加一个骷髅的标志，然后切换到3ds Max软件中查看效果，并根据贴图调整UV分布，使贴图与模型更加匹配。

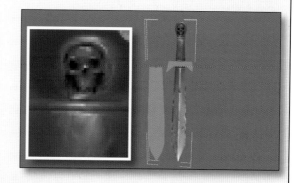

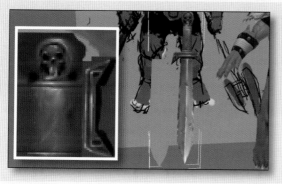

 绘制剑格纹理。使用减淡工具绘制剑格的大致轮廓，并添加高光效果，使用［色相／饱和度］命令调整其阴影效果。

使用［色彩平衡］和［色相／饱和度］命令修改剑格和剑首的颜色，使其与剑身的颜色区分开。

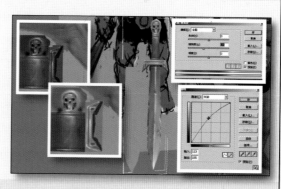

 调整整个剑身的纹理细节，在剑上添加铁锈的效果，调整剑柄的颜色，添加剑首和剑格上的高光和阴影等细节，使剑看上去更加真实。

如何绘制剑上的铁锈纹理

使用工具	1. [添加杂色]命令
	2. [正片叠底]图层混合模式
	3. [色彩平衡]命令

Before

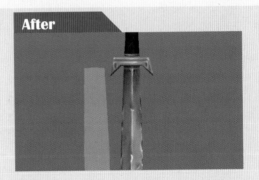

After

① 选择剑身上要添加铁锈效果的区域，按［Ctrl+←］快捷键为其填充背景色；然后在菜单栏中选择［滤镜］>［杂色］>［添加杂色］命令。

② 在打开的［添加杂色］对话框中，单击［好］按钮，退出该对话框，在所选区域会出现一团点状纹理。

在［色相／饱和度］对话框中调整
所选区域的饱和度，在图像中可
以看到调整以后的纹理效果。

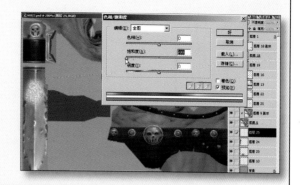

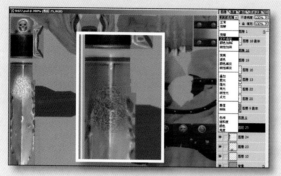

在图层面板中设置图层混合模式
为［正片叠底］命令，图像中的
纹理会变成点状。

在图层面板中可以改变铁锈纹理
的不透明度，在图像中可以调整
铁锈纹理的位置，先选择一部分
铁锈纹理，然后将其复制到合适
的区域。

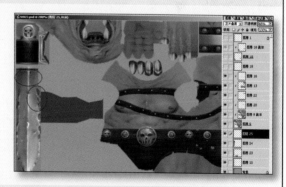

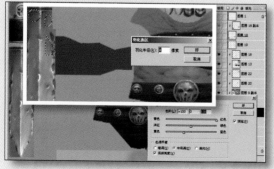

选择剑身上部分铁锈的纹理，设
置其羽化半径，然后使用［色彩
平衡］命令调整其颜色，使锈迹效
果与整个剑身的颜色相一致，这
样，剑的纹理就更加逼真了。

[Section]

05

如何将滤镜
应用于图层

Before

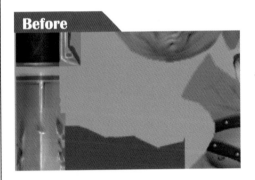

After

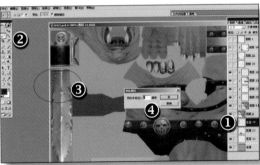

（1）选择剑身上的部分纹理，并对其进行羽化设置。

❶ 在图层面板中选择图层24。

❷ 在工具栏中激活套索工具。

❸ 在图像中选择该区域。

❹ 按［Ctrl+Alt+D］快捷键打开［羽化选区］对话框，将［羽化半径］设为2，单击［好］按钮，退出该对话框。

 创建新图层，为所选区域填充白色。

❶ 单击此按钮，创建一个新图层——图层25。

❷ 按［Ctrl+←］快捷键，将背景色填充到所选区域。

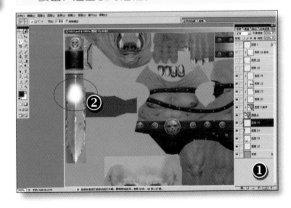

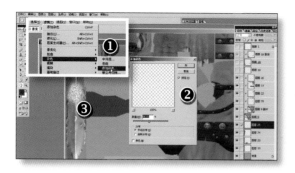

在剑身上的白色区域添加杂色纹理。

❶ 在菜单栏中选择［滤镜］>［杂色］>［添加杂色］命令。

❷ 在打开的［添加杂色］对话框中设置杂色的数量和分布状态，单击［好］按钮，退出该对话框。

❸ 在图像中可以看到所选区域出现点状的杂色纹理。

关键术语 7
什么是滤镜？

滤镜主要是用来实现图像的各种特殊效果，它在 Photoshop 中具有非常神奇的作用。所以 Photoshop 都将其按分类放置在［滤镜］菜单中，使用时只需要从该菜单中执行这命令即可。

滤镜的操作是非常简单的，但是真正用起来却很难恰到好处。滤镜通常需要同通道、图层等联合使用，才能取得最佳艺术效果。如果想在最适当的时候应用滤镜到最适当的位置，除了平常的美术功底之外，还需要用户对滤镜的熟悉和操控能力，甚至需要具有很丰富的想象力。这样，才能有的放矢的应用滤镜，发挥出艺术才华。

滤镜的功能强大，用户需要在不断的实践中积累经验，才能使应用滤镜的水平达到炉火纯青的境界，从而创作出具有迷幻色彩的电脑艺术作品。

可以将滤镜应用于单个图层或多个连续图层以加强效果。要使滤镜影响图层，图层必须是可见的，并且必须包含像素。

典型操作 10
创建自定滤镜

1 选择［滤镜］>［其他］>［自定］命令。［自定］对话框显示由文本框组成的网格，可以在这些文本框中输入数值。

2 选择正中间的文本框，它代表要进行计算的像素。输入要与该像素的亮度值相乘的值，值范围是 -999 到 +999。

3 选择代表相邻像素的文本框。输入要与该位置的像素相乘的值。例如，要将紧邻当前像素右侧的像素亮度值乘 2，可在紧邻中间文本框右侧的文本框中输入 2。

4 对所有要进行计算的像素重复步骤 2 和 3。不必在所有文本框中都输入值。

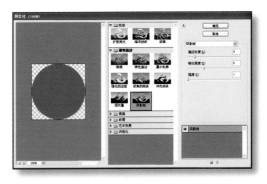

——选择 [阴影线] 滤镜类别之后的界面

5 在 [缩放] 文本框中，输入一个值，用该值去除计算中包含的像素的亮度值的总和。

6 在 [位移] 文本框中输入要与缩放计算结果相加的值。

7 单击 [确定] 按钮。 自定滤镜随即逐个应用到图像中的每一个像素。

8 使用 [存储] 和 [载入] 按钮存储和重新使用自定滤镜。

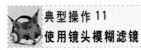

典型操作 11
使用镜头模糊滤镜

1 选择 [滤镜]>[模糊]>[镜头模糊] 命令。

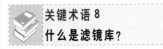

关键术语 8
什么是滤镜库?

使用 [滤镜库] 命令，可以累积应用滤镜，并应用单个滤镜多次。 可以查看每个滤镜效果的缩览图示例。 还可以重新排列滤镜并更改已应用的每个滤镜的设置，以便实现所需的效果。因为滤镜库是非常灵活的，所以通常它是应用滤镜的最佳选择。但是，并非 [滤镜] 菜单中列出的所有滤镜在滤镜库中都可用。

要显示 [滤镜库] 对话框，请选择 [滤镜]>[滤镜库] 命令。单击滤镜的类别名称，可显示可用滤镜效果的缩览图。

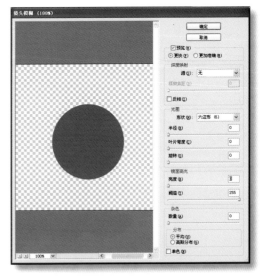

2 勾选 [预览] 复选框并选择 "更快" 项可提高预览速度。选择 [更加准确] 项可查看图像的最终版本。[更加准确] 预览需要的生成时间较长。

3 从 "源" 弹出式菜单中选择一个源 (如果有的话)。拖动 "模糊焦距" 滑块以设置位于焦点内的像素的深度。 例如，如果将焦距设置为 100，则深度为 1 和 255 的像素完全模糊，而接近 100 的像素比较清晰。如果单击预览图像，"模糊焦距" 滑块将随之更改以反映单击位置，并调准单击位置焦距。

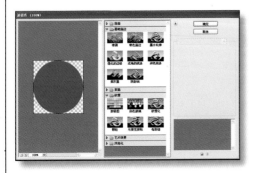

——[滤镜库] 对话框

4 要反相用做深度映射来源的选区或 Alpha 通道，请选择"反相"复选项。

5 从"形状"弹出式菜单中选择光圈。可以根据需要，拖动[叶片弯度]滑块对光圈边缘进行平滑处理；或者拖动[旋转]滑块来旋转光圈。要添加更多的模糊效果，请拖动[半径]滑块。

6 对于[镜面高光]选项组，拖动[阈值]滑块来选择亮度截止点；比该截止点值亮的所有像素都被视为镜面高光。要增加高光的亮度，请拖动[亮度]滑块。

7 要向图像中添加杂色，请选择[平均]或[高斯分布]选项。要在不影响颜色的情况下添加杂色，请选择[单色]复选项。拖动[数量]滑块来增加或减少杂色。

提示：模糊处理将移去原始图像中的胶片颗粒和杂色。为使图像看上去逼真和未经修饰，可以恢复图像中某些被移去的杂色。

8 单击"确定"按钮以应用对图像所做的更改。

实用技巧 19
使用滤镜

可以使用滤镜来更改图像的外观，例如，为它们指定印象派绘画或马赛克拼贴外观，或者添加独一无二的光照和扭曲。也可以使用某些滤镜来清除或修饰图片。Adobe 提供的滤镜显示在[滤镜]菜单中。第三方开发商提供的某些滤镜可以作为增效工具使用。在安装后，这些增效工具滤镜出现在[滤镜]菜单的底部。

要使用滤镜，可从[滤镜]菜单中选择相应的子菜单命令。以下原则可以帮助选择滤镜：

◇ 滤镜应用于现用的可视图层或选区。

◇ 对于 8 位 / 通道的图像，可以通过滤镜库累积应用大多数滤镜。所有滤镜都可以单独应用。

◇ 不能将滤镜应用于位图模式或索引颜色模式的图像。

◇ 有些滤镜只对 RGB 图像起作用。

◇ 可以将所有滤镜应用于 8 位图像。

◇ （仅限 Photoshop）可以将下列滤镜应用于 16 位图像：液化、平均、表面模糊、模糊、进一步模糊、方框模糊、高斯模糊、镜头模糊、动感模糊、径向模糊、样本模糊、镜头校正、添加杂色、去斑、蒙尘与划痕、中间值、减少杂色、纤维、镜头光晕、锐化、锐化边缘、进一步锐化、智能锐化、USM 锐化、浮雕效果、查找边缘、曝光过渡、逐行、NTSC 颜色、自定、高反差保留、最大值、最小值以及位移。

◇ （仅限 Photoshop）可以将下列滤镜应用于 32 位图像：平均、表面模糊、方框模糊、高斯模糊、动感模糊、径向模糊、样本模糊、添加杂色、纤维、镜头光晕、智能锐化、USM 锐化、逐行、NTSC 颜色、高反差保留以及位移。

◇ 有些滤镜完全在内存中处理。如果所有可用的 RAM 都用于处理滤镜效果，则可能看到错误信息。

实用技巧 20
关于其他滤镜

[其他]子菜单中的滤镜允许创建自己的滤镜、使用滤镜修改蒙版、在图像中使选区发生位移和快速调整颜色。

1 自定：使用[自定]滤镜根据预定义的数学运算(称为卷积)，可以更改图像中每个像素的亮度值。根据周围的像素值为每个像素重新指定一个值。此操作与通道的加、减计算类似。

2 高反差保留：在有强烈颜色转变发生的地方按指定的半径保留边缘细节，并且不显示图像的其余部分。此滤镜移去图像中的低频细节，效果与[高斯模糊]滤镜相反。

3 最小值和最大值：对于修改蒙版非常有用。[最大值]滤镜有应用阻塞的效果，展开白色区域和阻塞黑色区域。[最小值]滤镜有应用伸展的效果，展开黑色区域和收缩白色区域。

4 位移：将选区移动指定的水平量或垂直量，而选区的原位置变成空白区域。可以用当前背景色、图像的另一部分填充这块区域，或者如果选区靠近图像边缘，也可以使用所选择的填充内容进行填充。

5 拼贴生成器（仅限 ImageReady）：准备用做拼贴背景的图像。可以混合图像的边缘以创建无缝背景。还可以创建万花筒背景，将图像水平或垂直翻滚以生成一种抽象图案。

实用技巧 21
关于杂色滤镜

[杂色]滤镜用于添加、移去杂色或带有随机分布色阶的像素。这有助于将选区混合到周围的像素中。[杂色]滤镜可创建与众不同的纹理或移去有问题的区域，如灰尘和划痕。

1. 添加杂色

将随机像素应用于图像，模拟在高速胶片上拍照的效果。也可以使用[添加杂色]滤镜来减少羽化选区或渐进填充中的条纹，或使经过重大修饰的区域看起来更真实。

杂色分布选项包括[平均分布]和[高斯分布]。[平均分布]使用随机数值（介于 0 以及正／负指定值之间）分布杂色的颜色值以获得细微效果。[高斯分布]沿一条钟形曲线分布杂色的颜色值以获得斑点状的效果。[单色]选项将此滤镜只应用于图像中的色调元素，而不改变颜色。

2. 去斑

检测图像的边缘（发生显著颜色变化的区域）并模糊除那些边缘外的所有选区。该模糊操作会移去杂色，同时保留细节。

3. 蒙尘与划痕

通过更改相异的像素减少杂色。为了在锐化图像和隐藏瑕疵之间取得平衡，可尝试[半径]与[阈值]设置的各种组合。或者在图像的选中区域应用此滤镜。

4. 中间值

通过混合选区中像素的亮度来减少图像的杂色。此滤镜搜索像素选区的半径范围以查找亮度相近的像素，扔掉与相邻像素差异太大的像素，并用搜索到的像素的中间亮度值替换中心像素。此滤镜在消除或减少图像的动感效果时非常有用。

5. 减少杂色（仅限 Photoshop）

在基于影响整个图像或各个通道的用户设置保留边缘的同时减少杂色。

实用技巧 22
关于液化滤镜

使用[液化]命令可以对图像的任何区域进行各种各样的类似液化效果的变形，如旋转扭曲、收缩、膨胀、镜像等。变形的程度随意控制，可以是轻微的变形，也可以是非常夸张的变形，因此[液化]命令成为修饰图像和创建艺术效果的有效途径。另外，还可以通过工具或者 Alpha 通道将某些区域保护起来，不受各种变形操作的影响。所有的操作都是在[液化]对话框中实现，可以边操作边预览结果。

提示：[液化]命令只对 RGB 颜色模式、CMYK 颜色模式、Lab 颜色模式和 Grayscale(灰度)图像模式中的 8 位图像有效。

——使用[液化]滤镜扭曲图像

[液化]对话框中提供了相应的工具、选项和图像预览。要显示该对话框，请选择[滤镜]＞[液化]命令。

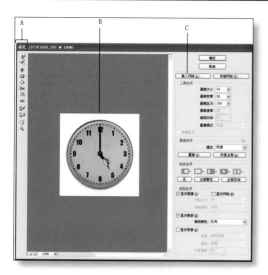

——[液化]对话框

A. 工具箱 B. 预览图像 C. 选项

典型操作 12
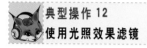
使用光照效果滤镜

光照效果滤镜可以在 RGB 图像上产生无数种光照效果。还可以使用灰度文件的纹理（称为凹凸图）产生类似 3D 的效果，存储的样式还可以在其他图像中使用。

提示：光照效果滤镜只对 RGB 图像有效。

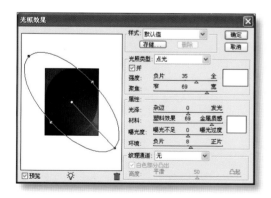

——[光照效果]对话框

1 选择 [滤镜]>[渲染]>[光照效果] 命令。

2 在 [样式] 下拉列表中选择一种样式。

3 在 [光照类型] 下拉列表中，选择一种类型。如果要使用多种光照，选择或取消选择 [开] 复选项以打开或关闭各种照射光。

4 要更改光照颜色，在对话框的 [光照类型] 选项组中单击颜色框。

5 要设置光照属性，请拖动与下列选项相对应的滑块：

◇ 光泽

决定表面反射光的多少（就像在照相纸的表面上一样），范围从无光泽（低反射率）到有光泽（高反射率）。

◇ 材料

确定哪个反射率更高：光照或光照投射到的对象。[塑料] 反射光照的颜色；[金属] 反射对象的颜色。

◇ 曝光度

增加光照（正值）或减少光照（负值）。零值则没有效果。

◇ 环境

漫射光，使该光照如同与室内的其他光照（如日光或荧光）相结合一样。选择数值 100 表示只使用此光源，或者选择数值 −100 以移去此光源。要更改环境光的颜色，请单击颜色框，然后使用出现的拾色器。

要复制光照，按住 Alt 键（Windows）或 Option 键（Mac OS），然后在预览窗口中拖动光照。

6 要使用纹理填充，在 [纹理通道] 下拉列表中选择一个通道。

小结

本章中主要绘制了怪兽的肩盔和武器的纹理。在制作流程中介绍了有关骨质纹理和金属纹理的绘制方法，以及金属上锈迹等细节纹理的处理方法。通过细节的添加使纹理更加真实。

读书笔记：

疑难问题：

Chapter

08

绘制怪兽的口腔纹理

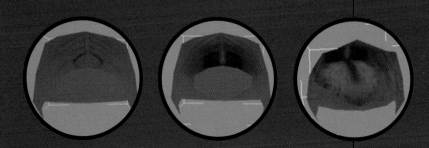

怪兽口腔纹理
的制作流程

Before

After

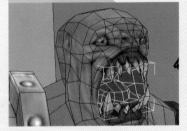

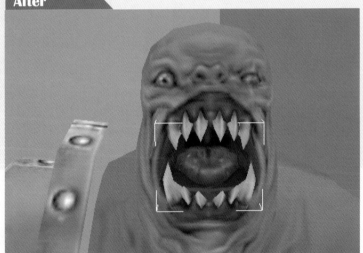

Artistic Work

PSD\St024.psd

项目文件 | DVD5\Example\ 怪兽纹理
范例文件 | PSD\St023.psd
视频教程 | DVD4\25 绘制口腔纹理 .avi 　　时间长度 | 00:20:55

Flowchart

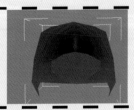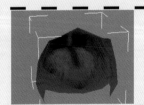

使用加深工具绘制出上颚的大致纹理，然后切换到3ds Max软件中查看结构是否合理。

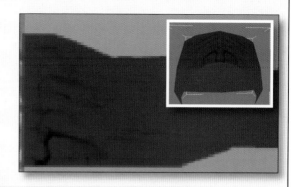

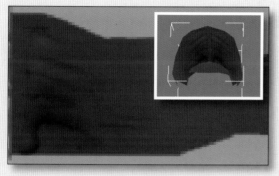

 使用［色相／饱和度］、［色彩平衡］、［曲线］命令添加上颚部分的高光和阴影效果，表现出它的立体感。

 选择口腔贴图最下方的区域，设置其[羽化半径]为2，使用［色相／饱和度］命令将其颜色调暗，制作出口腔与咽喉连接处的洞口效果。

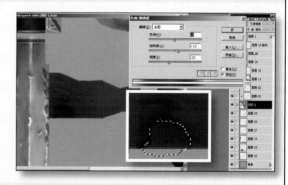

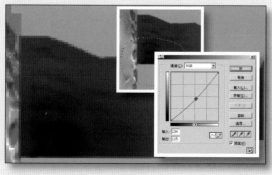 继续添加咽喉洞口处的阴影效果，然后使用［曲线］命令将所选区域的亮度调暗，形成一种明暗的过渡。

5 选择喉部悬雍垂的部分区域，使用［色彩平衡］和［曲线］命令将其调亮，然后使用减淡工具添加上颚和悬雍垂上面的高光效果，并使用涂抹工具将高光涂抹得柔和一点。

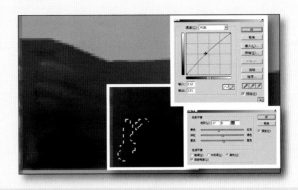

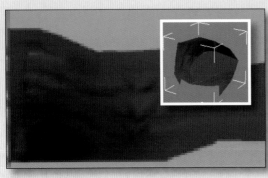

6 继续绘制上颚侧面的纹理，并调整其阴影部分的颜色，丰富口腔内部颜色，增强口腔内部的结构层次感。

7 使用［羽化选区］和［曲线］命令调整舌头纹理上的阴影效果，然后切换到3ds Max软件中查看模型上的效果，要表现出舌头的大致轮廓。

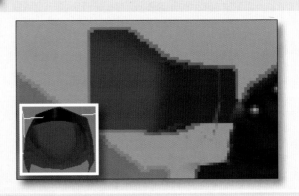

8 选择舌头中间部分的区域，将其［羽化半径］设为2，然后使用［色彩平衡］命令为所选区域添加一点黄色，添加舌苔的颜色效果。

使用加深工具在舌头上添加一些深色的小点，绘制出舌头上的味蕾颗粒的效果。

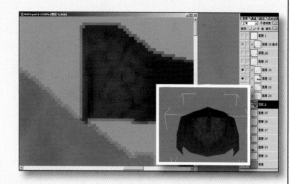

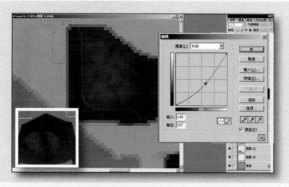

 框选舌头中间和舌尖部分的区域，然后使用〔曲线〕命令将所选区域的亮度调暗，突出舌头的轮廓层次。

 使用〔色相/饱和度〕命令在舌头上添加一些小的高光效果，丰富舌头的结构纹理。

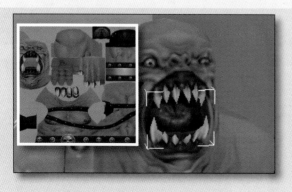

 绘制舌头上的高光和阴影效果，并且在舌头上添加一些黄色的颗粒状的纹理，增加怪兽舌头的细节，另外调整口腔内部纹理的明暗度，使口腔结构更加丰富。

Section

02

如何使用
加深工具

Before

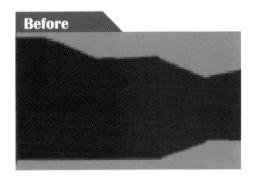

After

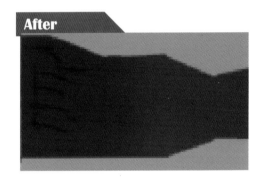

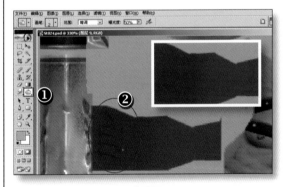

使用加深工具绘制口腔内部的纹理结构。

❶ 在Photoshop工具栏中激活加深工具。

❷ 在图像中拖动鼠标可以通过加深颜色来绘制纹理结构。

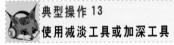

典型操作 13
使用减淡工具或加深工具

减淡工具和加深工具是用于调节照片特定区域的曝光度的传统摄影技术，可用于使图像区域变亮或变暗。减少曝光度以使照片中的某个区域变亮（减淡），或增加曝光线使照片中的区域变暗（加深）。

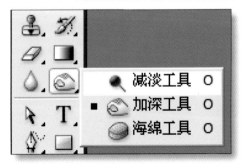

減淡工具 ○
加深工具 ○
海綿工具 ○

使用减淡或加深工具的方法大致如下：

1 选择减淡工具或加深工具。

2 在选项栏中选择画笔笔尖并设置画笔选项。

3 在选项栏中，选择下列选项之一：

◇ "中间调"：更改灰色的中间范围。

◇ "阴影"：更改暗区。

◇ "高光"：更改亮区。

4 为减淡工具或加深工具指定曝光度。

5 (Photoshop) 单击 [喷枪] 按钮 将画笔用作喷枪，或在画笔面板中选择 [喷枪] 选项。

6 在要变亮或变暗的图像部分上拖动。

实用技巧 23
修图工具库

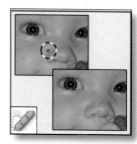

污点修复画笔工具—— 可移去污点和对象。

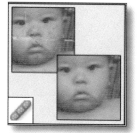

修复画笔工具——可利用样本或图案绘画以修复图像中不理想的部分。

修补工具——可使用样本或图案来修复所选图像区域中不理想的部分。

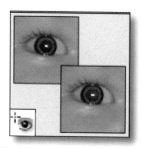

红眼工具——可移去由闪光灯导致的红色反光。

仿制图章工具——可利用图像的样本来绘画。

图案图章工具—— 可使用图像的一部分作为图案来绘画。

橡皮擦工具——可抹除像素并将图像的局部恢复到以前存储的状态。

背景橡皮擦工具—— 可通过拖动将区域擦抹为透明区域。

减淡工具——可使图像中的区域变亮。

魔术橡皮擦工具——只需单击即可将纯色区域擦抹为透明区域。

加深工具—— 可使图像中的区域变暗。

模糊工具—— 可对图像中的硬边进行模糊处理。

海绵工具—— 可更改区域的颜色饱和度。

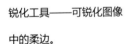

锐化工具——可锐化图像中的柔边。

小结

本章主要介绍了怪兽口腔内纹理的绘制方法，在本章中还展示了 Photoshop 中常用的修图工具，这些工具中有些是在本书的实例操作中经常用到的，有些在本书中没有介绍到，但是它们的使用方法大致相同，读者可以在实际制作流程中进行尝试。

涂抹工具—— 可涂抹图像中的数据。

Chapter

09

整体调整怪兽
的纹理细节

修改怪兽纹理接缝的制作流程

Before

After

PSD\St025.psd

项目文件	DVD5\Example\ 怪兽纹理
范例文件	PSD\St023.psd
视频教程	DVD4\26 修改纹理接缝 .avi 时间长度 | 00:48:59

Flowchart

 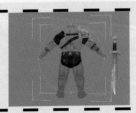  

将右手护腕上的铁质纹理复制到左手的护腕位置，然后调整其颜色，并添加圆头铁钉等装饰，将其作为左手的护腕。

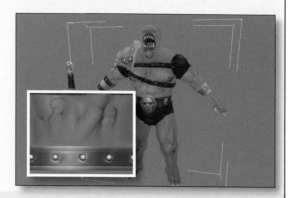

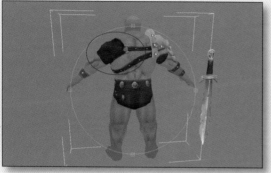

使用ZBrush软件调整肩胛与胳膊之间的接缝，在肩胛处添加皮质的衣服纹理，并在背后添加一个圆环装饰，用这个圆环将衣服和背带连接起来。

继续使用ZBrush软件调整脖子处的纹理接缝，并添加脖子处的皮肤褶皱等细节纹理。

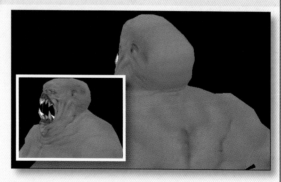

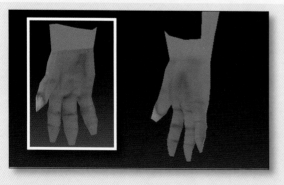

修改手部的接缝纹理。手部的纹理接缝的调整需要在ZBrush软件中调整不同的角度，然后在Photoshop中进行操作，从而对手背、手掌以及手的侧面接缝进行修改。

⑤ 修改脚部的纹理接缝。在脚踝内外两侧添加踝关节的骨骼结构，并绘制脚后跟和足弓处的纹理，使脚部的结构丰富起来。

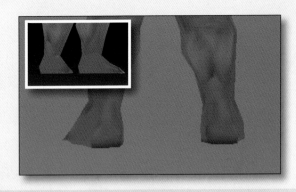

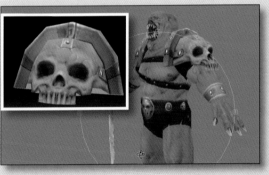

⑥ 调整肩盔的纹理。修改肩盔上固定铁片的接缝纹理。添加头骨底部和背后的骨质纹理，并绘制金属圈的内侧纹理。

⑦ 在Photoshop中添加腰部肌肉的纹理细节，调整整体的明暗效果，添加背带上的高光效果，增强其皮革质感。加强裤子边缘的阴影效果，增强其立体感。

⑧ 对怪兽模型进行整体的检查调整，在3ds Max软件中查看模型法线有无反转现象。在Photoshop中添加牙齿背面的纹理，在骷髅头部再添加一些斑纹细节，使结构更加丰富。这样整个怪兽的纹理就绘制完成了。

[Section] 02

如何修改纹理接缝

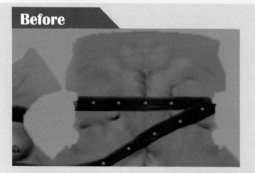

Before

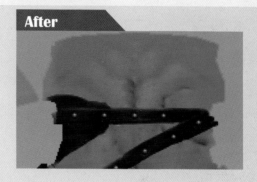

After

1 打开ZBrush软件，在工具菜单下单击Import按钮，在显示的对话框中选择已经储存好的"st.obj"文件，然后单击［打开］按钮，将该文件导入。

2 在视窗中拖动鼠标，将显示出怪兽的模型，要对其进行编辑，首先单击工具栏中的Edit按钮，将其激活。

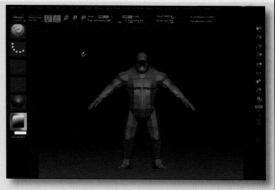

3 在材质栏中为模型制定一个自发光的材质球，使模型具有自发光的属性。

4 在ZBrush软件中，为模型指定"St024.psd"纹理贴图，添加的贴图将在模型上显示出来，但此时的贴图是上下颠倒的。

5 在纹理菜单中单击FlipV按钮，将颠倒的贴图反转过来，此时视窗中的模型就显示正确了。

ZBrush 是一个思路独特的 2.5D 软件工具，它兼有 2D 软件的简易操作和 3D 软件的功能。在 2D 方面，它可以进行图像处理，在本书中主要介绍的就是利用它的 2D 功能来修改怪兽纹理之间的接缝。作为三维软件，它在分配 UV 方面也是非常方便的。当然，它最强大的功能应该是雕塑功能，在这一方面，有兴趣的读者可以去摸索一下。接下来，就来看看如何在这个 2.5D 的软件中来完善怪兽的纹理。首先，来介绍如何完善背部的纹理。

在Photoshop中将怪兽纹理中的皮革纹理单独显示出来，将其他的纹理图层都隐藏起来。

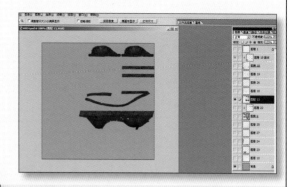

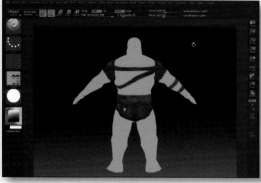

在ZBrush软件中重新导入一遍纹理贴图，使贴图上只显示皮革的纹理。

单击Projection Master按钮或按G键，会出现一个界面，单击DROP HOW按钮，进入映射模式。

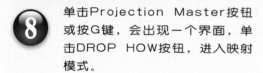

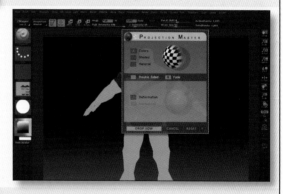

在ZBrush软件中单击ZAppLink按钮，激活该插件，在显示的启动界面上单击OK按钮启动该插件后，在Photoshop中会出现ZBrush界面中怪兽模型的截屏。

10 使用套索工具选择裤子部分的皮质区域，将其复制到肩胛位置，然后将下方的皮带纹理放置到肩胛纹理的上方。

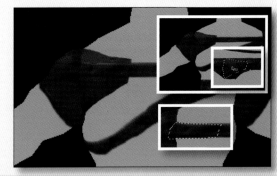

11 在Photoshop中，使用涂抹工具在肩胛与胳膊纹理相接的地方进行涂抹，然后使用［色相/饱和度］、［色彩平衡］等命令在皮质纹理上添加一些褶皱细节，制作出拉伸后的纹理效果。

12 在ZBrush软件中单击Accept All Edits按钮，在Photoshop中编辑的纹理将会更新到ZBrush中的模型上。

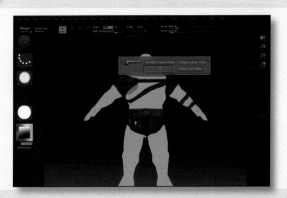

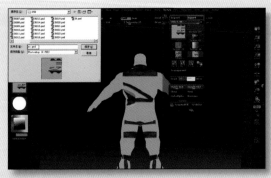

13 输出修改后的贴图。在纹理菜单下单击FlipV按钮，将贴图颠倒过来，然后单击Export按钮，在显示的对话框中将贴图名称修改为"sc.psd"，单击［保存］按钮将修改的图像进行保存。

以上介绍了如何通过 ZBrush 软件修改纹理接缝，具体的操作还可以参见光盘中的视频教程。在视频教程中还详细介绍了在绘制过程中会遇见的一些问题及处理方法。在储存了 psd 文件之后，可以直接在 Photoshop 中打开，对其进行再加工，如添加一些装饰、修改细小结构、添加细节纹理等。在调整纹理的过程中会补充一些在制作流程中遗漏的纹理细节。下面会简单介绍一些细节纹理的添加方法及制作流程。

[Section] 03 如何添加背部铁环纹理

使用工具
1. 椭圆选框工具
2. 涂抹工具
3. [收缩]命令

Before

After

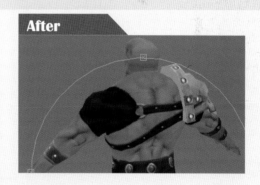

 使用椭圆选框工具在背带上面绘制一个圆并填充灰色；在菜单中选择［选择］>［修改］>［收缩］命令，将［收缩量］设为4，然后将内侧的圆形选区删掉，留下一个圆环的标志。

2 使用〔羽化〕、〔色相／饱和度〕、〔色彩平衡〕命令等添加圆环上的阴影效果突出其结构轮廓，然后将圆环所在的图层移到皮革图层的下方，使圆环处在皮革图层的下方。

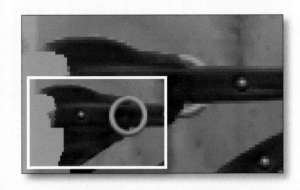

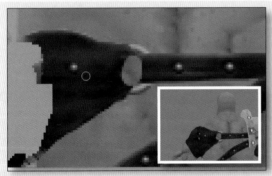

3 将圆环中间的皮革纹理删除掉，然后使用涂抹工具将肩胛处的皮带纹理抹平，使其成为一块完整的皮革。

4 添加圆环周围皮革纹理细节。在皮质上添加褶皱纹理，制作出因拉伸而产生的褶皱效果。

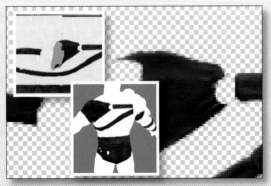

5 按住键盘上的Alt键，然后单击皮革所在图层旁边的眼睛标志，可以将其单独显示。然后对肩胛处的纹理进行细节修改来完成这块纹理的绘制。接下来，使用相同的方法继续在ZBrush软件中修改其他部分的纹理接缝。

[Section]

04

如何调整
手部的纹理

使用工具
1. ZBrush软件
2. 加深工具
3. 涂抹工具

Before

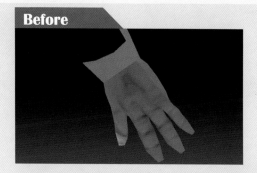

After

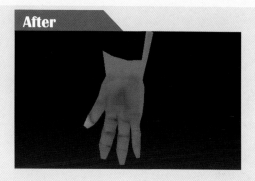

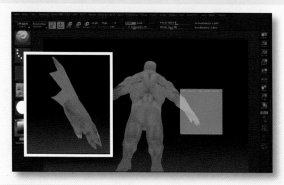

① 在ZBrush软件中，按住键盘上的 [Ctrl+Shift] 键，框选手部模型，将其单独显示，并调整其显示角度，然后启动ZappLink插件对手部的纹理接缝进行修改。

② 使用涂抹工具对手部侧面的纹理进行涂抹操作，使过渡处的纹理变得柔和一些。然后在手部添加一些纹理细节。

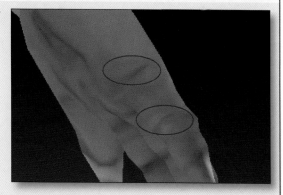

在ZBrush软件中调整手的角度，然后在Photoshop中，复制拇指内侧的纹理将大拇指上过渡处的白色纹理覆盖住，然后使用涂抹工具将交界处的纹理涂抹得柔和一些。

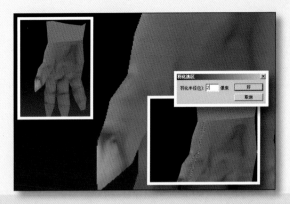

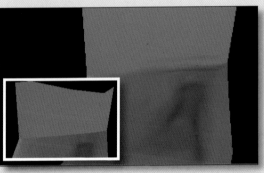

使用涂抹工具将手腕处的纹理涂抹得柔和一些，然后使用加深工具在手腕处添加皮肤的褶皱纹理，使其显得更加真实。

在ZBrush软件中查看并调整纹理效果，手腕处的纹理还是比较硬，可以将界面中的图形缩小，然后再截屏到Photoshop中对纹理进行修改，并调整掌心的高光和阴影效果。

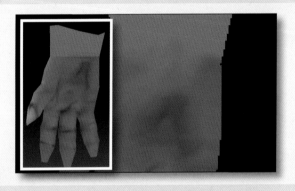

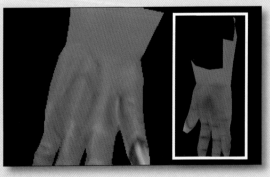

使用同样的方法继续调整手掌外侧边缘的纹理接缝，然后再调整手背和手腕交接处的纹理接缝。

[Section] 05

如何调整腿部的纹理

使用工具
1. 加深工具
2. [曲线]命令
3. [色相/饱和度]命令

Before

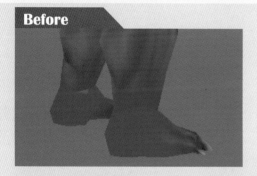

After

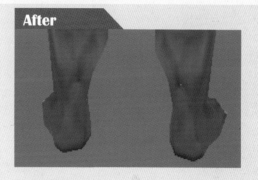

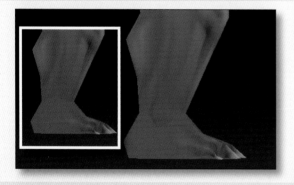

在ZBrush软件中，调整模型的显示角度后，在Photoshop中使用涂抹工具将脚踝处的接缝纹理涂抹得柔和一些，然后使用加深工具绘制出踝关节的骨骼轮廓。

在Photoshop中使用［色相／饱和度］、［曲线］等命令调整脚踝骨骼的高光和阴影等细节，使其结构轮廓更加鲜明。

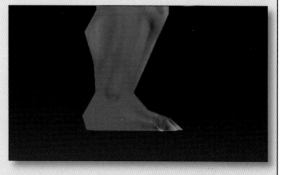

3 添加脚踝内侧的骨骼纹理。将外侧绘制好的纹理直接复制到内测，再使用自由变换工具将其水平反转过来，并将其向上移动一点，然后使用涂抹工具将接缝处的纹理涂抹均匀。

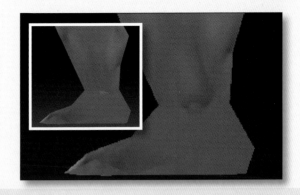

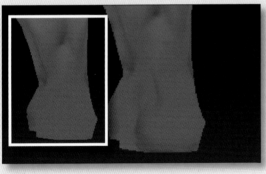

4 添加脚跟处的结构纹理。使用加深工具绘制脚跟处的结构轮廓，然后调整其明暗效果，使节纹理显得更加真实。

5 添加脚后跟右侧的结构纹理。然后使用涂抹工具和〔色相/饱和度〕命令等调整脚后跟的纹理细节。

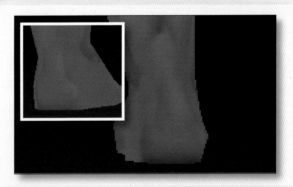

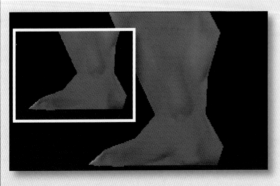

6 添加足弓处的结构纹理。使用加深工具绘制足弓结构的大致轮廓，然后使用〔色相/饱和度〕命令和涂抹工具调整足弓下方的阴影效果。

[Section] 06

如何调整肩盔的纹理

使用工具	
	1. Zbrush软件
	2. 涂抹工具
	3. [色相/饱和度]命令

Before

After

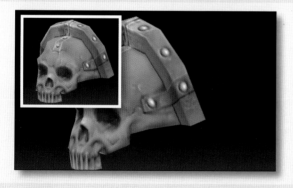

将肩盔的模型和纹理导入ZBrush软件中，调整模型的显示角度后，启动ZAappLink插件，然后在Photoshop中将肩盔右侧的固定铁片装置连成一体，并为其添加高光等细节。使用相同的方法将左侧的固定装置合为一体。

在Photoshop中修改头骨上面金属装置的纹理，修改中间固定铁片的结构位置。然后将其重新导入到ZBrush软件中查看效果，然后再来修改纹理细节。

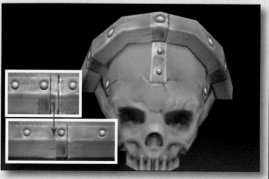

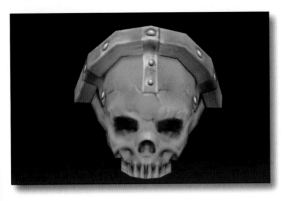

 3 修改肩盔中间的固定贴片的纹理。使用涂抹工具将两块铁片连成一体，然后调整高光和接缝等细节纹理。在ZBrush软件中查看效果后将贴图导出。

4 添加头骨下方的纹理。将头骨上的骨质纹理复制到下方，然后使用［色相／饱和度］命令调整头骨上的阴影效果。

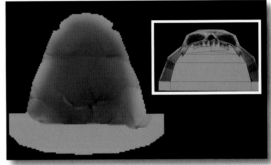

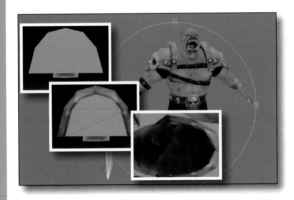

5 将肩盔上的铁环纹理复制到内侧的铁环位置，使用自由变换工具调整纹理的位置并对其进行细节调整。在ZBrush软件中查看效果后导出贴图，然后在Photoshop中添加肩盔内侧的骨质纹理，并修改肩盔接缝处纹理。

小结

本章中主要介绍如何修改怪兽的纹理接缝，并在整体的调整过程中添加之前遗漏的纹理细节。修改纹理接缝主要在 ZBrush 软件中进行，在本章中详细介绍了如何使用 ZBrush 软件来修改接缝，如何添加脚踝、手、胳膊、脖子等接缝的细节纹理。在做好整个模型纹理接缝的调整之后，这个怪兽的纹理贴图就绘制完成了。

Chapter

绘制女武士的
衣服纹理

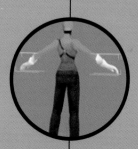

01

女武士衣服纹理
的制作流程

Before

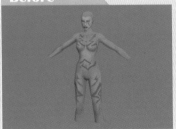

After

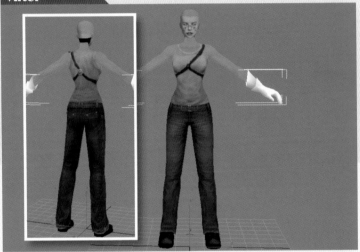

Artistic Work

流程 \ 重复利用 \Shirt.psd

项目文件 ｜ DVD5\Example\ 女武士纹理
范例文件 ｜ 流程 \ 重复利用 \n_st007.psd
视频教程 ｜ DVD4\29 女性角色纹理绘制 .avi 　时间长度 ｜ 00:03:32

Flowchart

 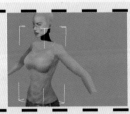 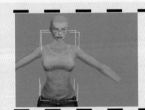 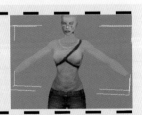

将女武士的角色模型单独显示，导入已经制作好的裤子和鞋子的模型，并其与女武士腿的位置相对应，然后将被裤子遮住的腿部模型删除。

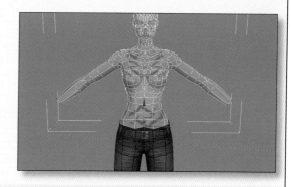

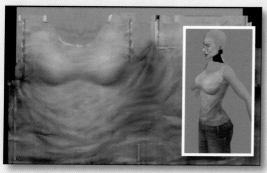

在3ds Max软件中将身体模型与裤子模型连接起来，使其成为一个整体，这样裤子的纹理就不用再绘制了，只需要对上衣的纹理进行绘制。

 调整UV分布，为角色添加一个初始的衣服纹理。这个衣服的纹理是从一个已经绘制好的衣服上直接复制过来的。

 使用［曲线］命令将衣服的整体颜色调亮，然后修改衣服的形状，并根据模型绘制出衣服的大致形态。

5 绘制衣服褶皱的基本纹理，然后调整UV的分布，使贴图与角色模型更加匹配。

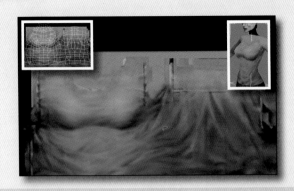

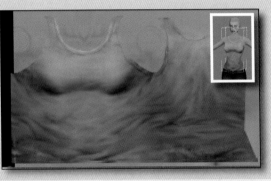

6 调整衣服的结构和基本形态，使用〔色相／饱和度〕命令添加衣服上的褶皱效果，刻画衣服的纹理细节。

7 通过对已有纹理的重复使用，添加衣服上的背带纹理。将前面绘制的怪兽纹理中的皮带纹理复制过来，并进行修改，将其作为衣服上的背带纹理。

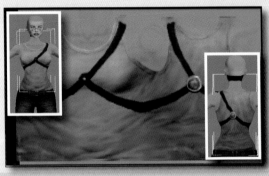

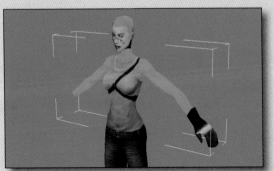

8 调整胳膊上的UV分布，然后添加一个手套的基本模型，并对手套的UV和纹理进行基本设置。

[Section]

02

如何绘制女武士的上衣纹理

使用工具

1. [曲线]命令
2. [色彩平衡]命令
3. [色相/饱和度]命令

Before

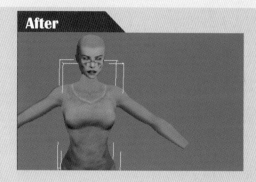

After

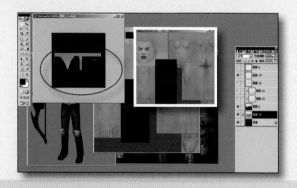

1 使用矩形选框工具，在身体的贴图中选择上半身的贴图，将其复制到衣服的贴图中，使其独立出来，然后使用自由变换工具调整其大小。

2 在3ds Max软件中为身体部分指定贴图，并调整上身UV的位置，使衣服贴图在模型上显示出来。

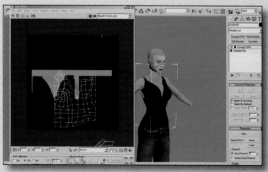

3 在3ds Max软件中，调整上身的UV分布，使衣服贴图能够在模型上正确显示。

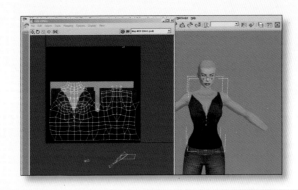

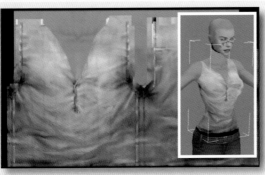

4 使用［色相／饱和度］、［色彩平衡］、［曲线］命令修改衣服的颜色。

5 修改衣服的形状结构，然后调整胸部、腰部等的大致纹理，使其与女性角色的身体模型相一致。

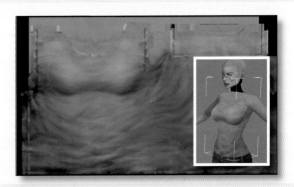

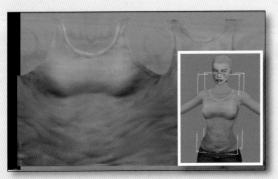

6 刻画上衣的纹理细节。添加衣服的褶皱细节，绘制领部的结构形状，调整衣服的整体色调，使其质地显得更加柔软。

[Section]

03

如何绘制
背带纹理

Before

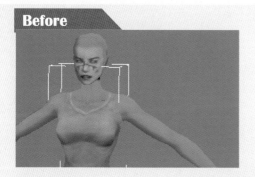

After

 将前面绘制好的怪兽纹理贴图打开，选择皮带部分的区域，将其复制到女武士的纹理贴图上，然后使用自由变换工具调整好背带的位置。

 使用自由变换工具调整背带的位置，然后使用［色相／饱和度］命令和套索工具调整背带的粗细状态和颜色，使其与身体模型的轮廓相匹配 。

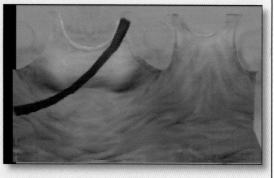

3 选择背带上的部分纹理，使用对称复制的方法制作出其他部分的背带纹理，然后调整好背带纹理的位置。

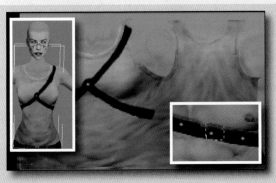

4 将怪兽上身皮带上的铁钉纹理复制到女武士的皮带上，并对铁钉纹理进行修改，将其作为两条皮带之间的固定装置。通过添加铁钉周围的阴影效果，使其看起来更加牢固。

5 继续使用复制的方法绘制出背后的皮带纹理，并使用自由变换工具调整好皮带位置。

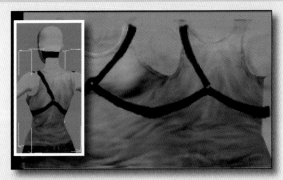

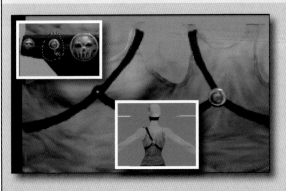

6 选择怪兽腰带上的宝石装饰，将其复制过来作为女武士背带上面的固定装置，这样整个背带的结构就已经完整了。

如何重复利用纹理贴图

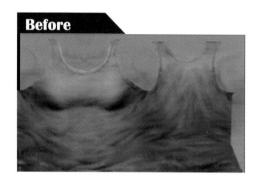

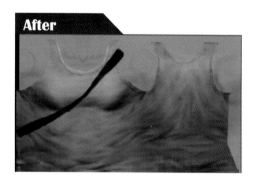

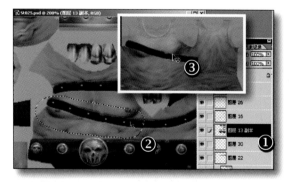

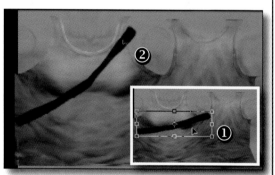

 添加女武士衣服上的皮带纹理。

❶ 打开怪兽的贴图纹理，选择图层13副本。

❷ 使用套索工具选择皮带的部分纹理，将其进行复制。

❸ 将所复制的纹理粘贴到女武士的上衣贴图中。

2 调整皮带的位置并对其形状进行修改。

❶ 使用自由变换工具改变皮带的方向和位置。

❷ 使用套索工具对皮带的形状进行修改，使其与角色模型相匹配。

典型操作 14
移动对象或图层

要移动对象或图层，可使用以下方法：

1   选择移动工具 ▶⊕。

要在另一个工具处于选中状态时启动移动工具，可按住 Ctrl 键（Windows）或 Command 键（Mac OS）。

提示：该方法不适用于钢笔工具、自由钢笔工具、路径选择工具、直接选择工具、抓手工具、切片选择工具和锚点工具。

2   执行下列操作之一：

◇   在选区边框内移动指针，并将选区拖动到新位置。如果选择了多个区域，则在拖动时将移动所有区域。

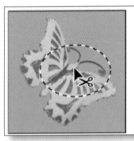

——左侧显示的是原来的选区，右侧显示的是使用移动工具移动选区之后的效果

◇   选择要移动的图层。然后将图层拖动到新位置。

典型操作 15
在拖动时复制选区

在拖动时复制选区可执行以下操作：

1   选 择 移 动 工 具 ▶⊕，或 按 住 Ctrl 键（Windows）或 Command 键（Mac OS）以启动移动工具。

2   按住 Alt 键（Windows）或 Option 键（Mac OS），然后拖动想要复制和移动的选区。

当在图像之间进行复制时，将选区从现用图像窗口拖动到目标图像窗口。如果未选择任何内容，则将复制整个现有图层。在将选区拖动过图像窗口时，如果可以将选区放入该窗口，则有一个边框高光显示该窗口。

——将选区拖动到另一个图像中

实用技巧 24
重复利用纹理贴图

在绘制贴图的过程中，对与材质相同或与颜色类似的材质纹理，可以将其他已经绘制好的纹理复制过来使用。比如在前面几章中绘制了怪兽的纹理，在这一章中绘制女武士的皮带纹理时，就可以直接将怪兽纹理中的皮带纹理拿来使用，只需要对结构等进行细微的调整，甚至连装饰物的纹理也都可以拿来使用。这样会大大节省工作时间，也不容易出现错误。

重复使用的纹理，不一定要材质相同，也可以是颜色相同的，如果有已经调整好颜色的贴图，在绘制的时候只需要在原来的贴图上吸取颜色就可以了。

典型操作 16
粘贴对象或图层

将一个选区粘贴到另一个选区，可使用下面介绍的方法：

1   剪切或复制想要粘贴的图像。

2 选择要粘贴选区的图像部分。 源选区和目标选区可以在同一个图像中，也可以在不同的 Photoshop 图像中。

3 选择 [编辑] >[贴入] 命令。 源选区的内容在目标选区中被蒙版覆盖。

提示：在图层面板中，源选区的图层缩览图出现在目标选区的图层蒙版缩览图旁边。图层和图层蒙版之间没有链接，也就是说，可以单独移动其中的任意一个。

A   B

C   D   E

——使用 [贴入] 命令

A. 选中的窗玻璃 B. 复制的图像 C. [贴入] 命令

D. 图层面板中的图层缩览图和图层蒙版

E. 粘贴的图像重新调整位置

4 选择移动工具，或按住 Ctrl 键（Windows）或 Command 键（Mac OS）以启动移动工具。然后拖动源内容，直到想要的部分被蒙版覆盖。

5 要指定底层图像的显示通透程度，请仕图层面板中单击图层蒙版缩览图，选择一种绘画工具，然后编辑蒙版：

◇ 若要隐藏图层下面的多一些图像，用黑色绘制蒙版。

◇ 若要显示图层下面的多一些图像，用白色绘制蒙版。

◇ 若要部分显示图层下面的图像，可用灰色绘制蒙版。

6 如果对结果满意,可以选择 [图层] >[向下合并] 命令将新图层与下面图层的图层蒙版合并，使之成为永久性的更改。

小结

在本章中主要是绘制女武士的衣服纹理。在实例操作中展示了布料和毛发的绘制方法，同时介绍了一种在实际操作中能够加快工作速度的方法，即纹理的重复利用。通过对已有纹理的重复使用可以大大缩短制作时间。

读书笔记：

疑难问题：

11

Chapter

绘制女武士的
装配纹理

01

女武士装配纹理的制作流程

Before

After

Artistic Work

NV___Finish.tif

项目文件	DVD5\Example\ 女武士纹理
范例文件	流程 \ 重复利用 \Shirt.psd
视频教程	DVD5\33 绘制装备纹理 .avi　　时间长度 | 00:50:19

Flowchart

   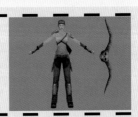

在3ds Max软件中为角色添加帽子、肩盔、手套、腰部护甲等模型，并调整其UV分布，然后输出。

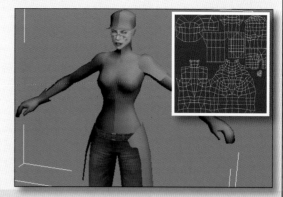

绘制盔甲和手套的金属纹理。这部分金属纹理的绘制可以通过复制其他贴图上的金属纹理贴图，然后进行修改加工，作为女武士的盔甲纹理。

绘制盔甲上的纹理细节。绘制出盔甲金属边缘的质感，注意金属拐角处金属光的处理，丰富金属表面的色彩细节。

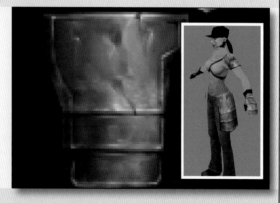

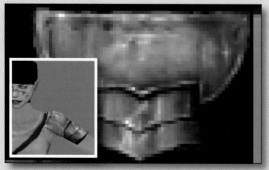

 添加肩盔上的纹理细节。通过高光和阴影效果的添加增强肩盔轮廓边缘效果，然后再添加肩盔表面的色彩细节。

5 绘制手套的纹理细节。在手臂上添加一个金属护腕，作为与手套相连的护甲。

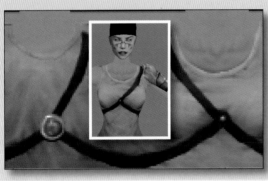

6 刻画皮带周围的纹理细节。绘制出皮带勒紧衣服之后产生的阴影和褶皱效果。

7 绘制帽子的纹理。将帽子的颜色调整为军绿色，然后添加帽子接缝的纹理，并在帽子上绘制出字母标志，丰富帽子的细节。

8 绘制头发的纹理。使用加深工具绘制出头发的基本纹理，然后使用［曲线］、［色相／饱和度］命令等调整头发的颜色和高光效果，并添加头绳的纹理。

添加腿部铠甲的纹理。将原来绘制过的铠甲纹理复制过来，然后对其进行修改得到腿部的铠甲纹理，这也是对纹理的重复利用。

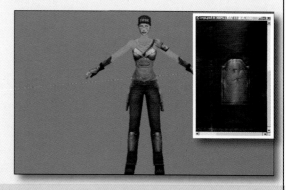

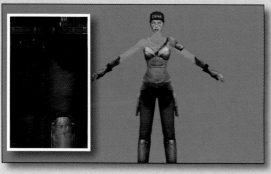

绘制裤子上的皮质纹理。先使用钢笔工具在裤子上选出要添加皮质纹理的部分，然后使用［色相／饱和度］、［色彩平衡］、［曲线］等命令调整出皮质的效果。

添加弓箭的纹理。首先绘制出弓上面的骷髅标志，切换到3ds Max软件中查看贴图效果。

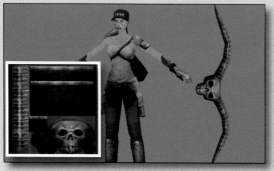

刻画弓和剑袋的纹理。弓的主要部分是属于骨质的，要刻画出骨质的纹理细节；剑袋是皮质的，将裤子上的皮质纹理复制过来进行修改就可以完成了。

[Section]

02

如何绘制
帽子的纹理

使用工具

1. [曲线]命令
2. 矩形选框工具
3. [色相/饱和度]命令

Before

After

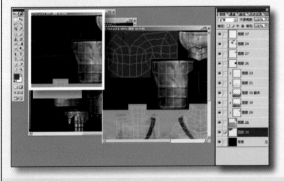

使用矩形选框工具选择帽子部分的纹理，然后吸取裤子上的颜色，将其填充到帽子的纹理上，使帽子的颜色也变成军绿色。

使用加深工具绘制出帽子结构分界处的纹理，并使用［曲线］命令将帽檐和头部前方调亮，增强帽子的结构层次。

添加帽子上的褶皱和纹理细节。在帽子的缝合处添加一些小的阴影，制作出缝合的纹理效果。

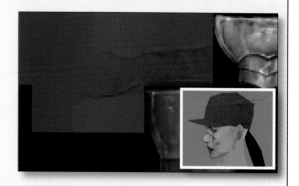

 使用自由变换工具将右侧绘制好的帽子纹理对称复制到左侧，然后再对整个帽子纹理进行细节修改。

 调整帽子上的纹理细节，然后在帽子上添加"F**k"的字母标志，并将其颜色调整为黄色。

 刻画帽子的纹理细节。添加字母上高光细节，增强其金属质感；刻画帽子的缝合处的纹理细节，添加高光等效果，增加结构层次感，使缝合线更加精致。

03

如何绘制头发的纹理

使用工具

1. 加深工具
2. 减淡工具
3. [色相/饱和度]命令

Before

After

1 在头发的纹理部分填充深棕色，然后使用加深工具绘制出大致的头发纹理。

2 使用减淡工具绘制出头发上的高光效果，并使用涂抹工具将高光效果涂抹得更自然。再通过［色相/饱和度］命令将头发的颜色调整为酒红色。

继续添加辫子上的高光效果。然后使用〔曲线〕、〔色相／饱和度〕、〔色彩平衡〕等命令调整头发上的光影效果，使头发上的光泽看起来更加自然。

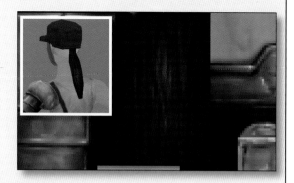

在头发贴图中框选一部分纹理，并将所选区域的颜色填充为深蓝色，将其作为头绳纹理。

增加头绳上的高光和阴影细节，增强其层次感，使头绳上的光影与头发的光影效果相一致；然后在头绳周围添加一些阴影效果，制作出头发被扎起来后比较紧的效果。

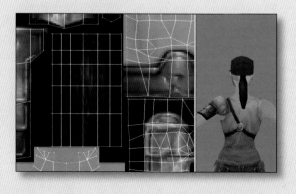

调整头发的UV分布，使纹理贴图更好地显示出来。将UV拉宽一些，这样显示出来的头发显得多一些，而且高光效果也更加真实。

[Section] 04

如何绘制腿部铠甲的纹理

使用工具
1. 套索工具
2. 自由变换工具
3. [色相/饱和度]命令

Before

After

1 将其他贴图中的盔甲纹理复制到裤子的贴图中，然后选择右边的部分盔甲纹理，将其对称复制到左侧，使腿部的盔甲比较完整。

2 选择盔甲下方的部分纹理，将其向下复制一份，使腿部的盔甲加长，然后切换到3ds Max软件中查看效果。

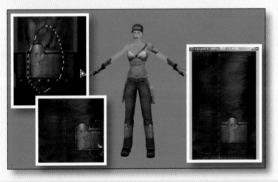

将腿部盔甲下边缘的纹理复制到左右两侧的边缘上，然后加深拐角处的阴影效果，增强盔甲的轮廓结构。

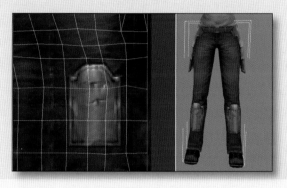

在3ds Max软件中，调整腿部的UV分布，使盔甲贴图在模型上的拉伸效果有所减弱。

使用减淡工具在腿部盔甲上添加一些高光细节，然后将中间部分提亮，将边缘处变暗，增强其高光对比度。

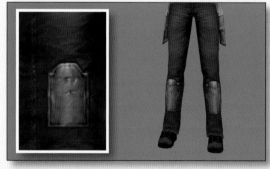

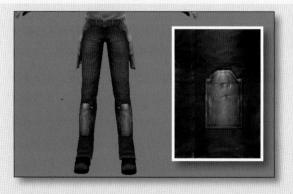

使用［色相／饱和度］命令将腿部盔甲下方的阴影调暗，使其看起来跟腿部模型贴得更紧。

[Section]

05

如何绘制
弓箭的纹理

使用工具

1. [曲线]命令
2. 矩形选框工具
3. [色相/饱和度]命令

Before

After

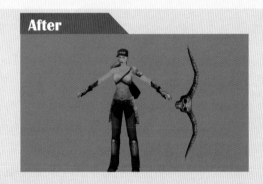

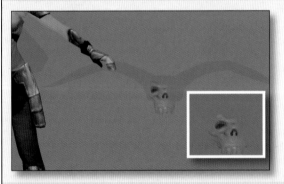

1 使用加深工具绘制出弓上头骨的大致轮廓，通过[曲线]命令调整头骨上的阴影效果，制作出头骨的结构层次，然后使用减淡工具添加细小的高光效果。

 2 继续添加头骨上的高光和阴影等效果。加强头骨边缘处的阴影效果，增强轮廓结构，然后将绘制好的纹理对称复制到另一侧，再查看贴图效果。

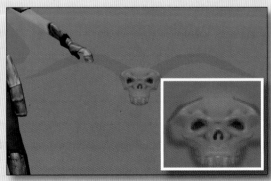

调整头骨眼部和鼻子部分的结构，并增加鼻子上方的高光细节，将鼻梁骨提高一点。

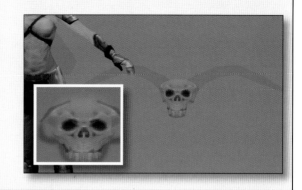

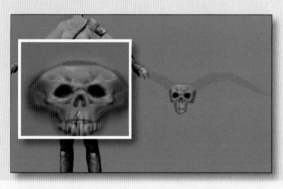

 刻画头骨细节。增加头骨上的高光和阴影效果，丰富头骨上的结构层次。

 调整弓臂部分的明暗效果，显示出其大致的结构。这只弓应该是由野山羊角或者水牛角制作而成的，接下来还要制作出弓臂上的骨质纹理，可以把它当作羊角骨来绘制。

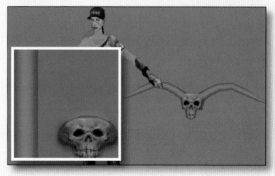

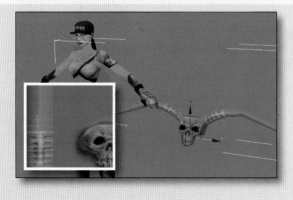

 调整羊角上的阴影效果，使上方的亮度变亮一些。然后使用减淡工具绘制出分界处的纹理和羊角骨上的骨质纹理，并使用［色相／饱和度］命令添加阴影效果。

7 将绘制好的骨质纹理复制到其他的羊角部分，然后添加骨头上的阴影和高光效果，使骨质的结构更加明显。

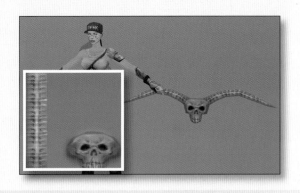

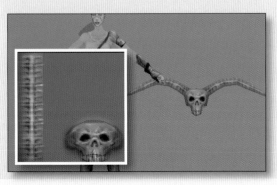

8 添加头骨细节。增加头骨上的高光细节，将头骨中间部分整体调亮，使其与羊角上面的明暗效果相一致。

9 将前面绘制的女武士裤子上的皮革材质纹理复制过来作为箭袋的材质纹理，然后再添加一些缝合的纹理细节。

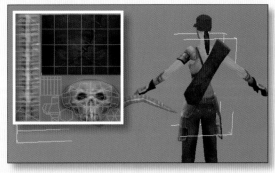

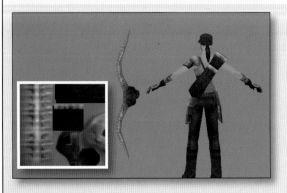

10 添加弓箭上的纹理细节。添加头骨后边的纹理、箭袋内侧和外侧边缘的纹理。然后调整弓箭上的纹理细节，完成整个弓箭纹理的绘制。

[Section] 06

如何使用钢笔工具

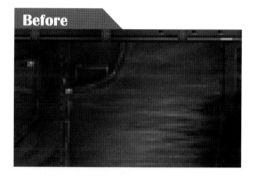

Before

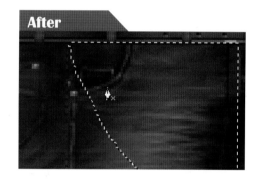

After

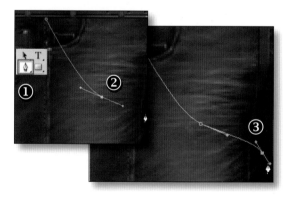

1 在裤子上绘制出曲线。

❶ 激活钢笔工具。

❷ 在图中单击确定第一个起始点,然后单击第二个点并按住鼠标移动,将直线拖拽成弧线。

❸ 继续添加第三个点。

2 调整所绘制曲线的形状,使其更为平滑。

❶ 将鼠标移至第一段弧线之间,鼠标的形状会变成 ，在线段上单击可以添加一个锚点。

❷ 用直接选择工具 ，移动添加的锚点,调整曲线形状。

❸ 调整最下方顶点的位置,可以通过顶点两侧的手柄来调整曲线的形状。

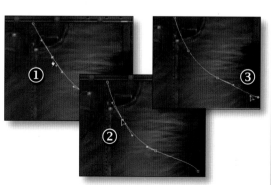

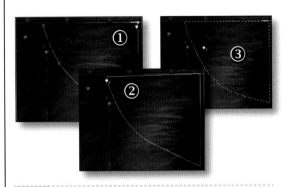

③ 通过添加锚点，建立一个扇形的选区。

❶ 在图像的右上方添加一个锚点。

❷ 在起始点处单击，将整条曲线封闭。

❸ 在曲线内部右击，选择 [建立选区] 命令，封闭的区域就会变成选区了。

典型操作 17
用钢笔工具绘图

钢笔工具可以创建直线和平滑流畅的曲线。可以组合使用钢笔工具和形状工具以创建复杂的形状。

1　选择钢笔工具 ✒ 。

2　设置下列工具特定选项：

◇　要在单击线段时添加锚点或在单击线段时删除锚点，需要选择选项栏中的 [自动添加 / 删除] 复选项。

◇　要在绘图时预览路径段，单击选项栏中形状按钮旁边的下三角按钮并选择 [橡皮带] 复选项。

3　将钢笔指针定位在绘图起点处单击，以定义第一个锚点。

4　单击或拖动，为其他的路径段设置锚点。

5　完成路径：

◇　要结束开放路径，按住 Ctrl 键（Windows）或 Command 键（Mac OS）在路径外单击。

◇　要闭合路径，将钢笔指针定位在第一个锚点上。如果放置的位置准确，笔尖上将出现一个小圈。单击可闭合路径。

提示：在开始绘图之前，请在路径面板中创建新路径，将工作路径自动存储为命名路径。

典型操作 18
用自由钢笔工具绘图

自由钢笔工具可用于随意绘图，就像用铅笔在纸上绘图一样。在绘图时，将自动添加锚点。无需确定锚点的位置，完成路径后可进一步对其进行调整。其绘制方法大致如下：

1　选择自由钢笔工具 ✒ 。

2　要控制最终路径对鼠标或光笔移动的灵敏度，单击选项栏中形状按钮旁边的下三角按钮，然后在 [曲线拟合] 中输入介于 0.5 到 10.0 像素之间的值。此值越高，创建的路径锚点越少，路径越简单。

3　在图像中拖动指针时，会有一条路径尾随指针。释放鼠标，工作路径即创建完毕。

4　要继续创建现有手绘路径，要将钢笔指针定位在路径的一个端点，然后拖动。

5　要完成路径，释放鼠标。要创建闭合路径，可将直线拖动到路径的初始点（当它对齐时会在指针旁出现一个圆圈）。

实用技巧 25
用钢笔工具绘制曲线的原则

通过沿曲线伸展的方向拖动钢笔工具可以创建曲线。在绘制曲线时，要记住以下原则：

◇　在创建曲线时，总是向曲线的隆起方向拖动第一个方向点，并向相反的方向拖动第二个方向点。同时向一个方向拖动两个方向点将创建 "S" 形曲线。

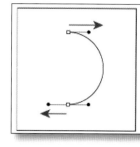 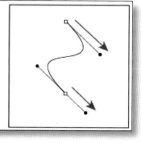

——向相反的方向拖动将创建平滑曲线。 向同一个方向拖动将创建 "S" 形曲线

◇ 在绘制一系列平滑曲线时，一次绘制一条曲线，并将锚点置于每条曲线的起点和终点，而不是曲线的顶点。

◇ 要减小文件大小并减少可能出现的打印错误，要尽可能使用较少的锚点，并尽可能将它们分开放置。

关键术语 9
关于形状和路径的相关概念

◇ 矢量图形：是使用形状工具或钢笔工具绘制的直线和曲线。矢量形状与分辨率无关，因此，它们在调整大小、打印到 PostScript 打印机、存储为 PDF 文件或导入到基于矢量的图形应用程序时，会保持清晰的边缘。

◇ 路径：是可以转换为选区或者使用颜色填充和描边的轮廓。形状的轮廓是路径，通过编辑路径的锚点，可以很方便地改变路径的形状。可以在 ImageReady 中绘制形状，但不能直接用于路径。

在 Photoshop 中使用形状工具时，可以使用 3 种不同的模式进行绘制。在选定形状工具或钢笔工具时，可通过选择选项栏中的图标来选取一种模式。

◇ 形状图层：在单独的图层中创建形状。可以使用形状工具或钢笔工具来创建形状图层。因为可以方便地移动、对齐、分布形状图层以及调整其大小，所以形状图层非常适于为 Web 页创建图形。在 Photoshop 中，可以选择在图层中绘制多个形状。形状图层包含定义形状颜色的填充图层以及定义形状轮廓的链接矢量蒙版。形状轮廓是路径，它出现在路径面板中。

◇ 路径：在当前图层中绘制一个工作路径，可随后使用它来创建选区、创建矢量蒙版，或者使用颜色填充和描边以创建栅格图形。除非存储工作路径，否则它是一个临时路径。路径出现在路径面板中。

◇ 填充像素：直接在图层中绘制，与绘画工具的功能非常类似。在此模式下工作时，不会创建矢量图形。就像处理任何栅格图像一样来处理绘制的形状。在此模式下不能使用钢笔工具。

小结

本章中为女武士添加了装配纹理，如帽子、手套、背带、盔甲等。在制作流程中强调了毛发的绘制方法以及金属效果的细节处理方法。

读书笔记：

疑难问题：